高等学校应用型特色规划教材

中文版 Flash CS6 网页动画设计教程

孟克难　黄　超　刘宏芹　编　著

清华大学出版社

北　京

内 容 简 介

本书以 Flash CS6 为制作平台，将动画创意与制作完美结合，从零开始讲解 Flash 软件的知识和操作方法，同时在讲解过程中会安排相应的实例，并使难易程度随着内容的深入而逐渐增加。

全书共分 14 章，前 4 章主要介绍 Flash CS6 软件的基础知识，具体内容有 Flash 基础知识，绘制及编辑图像工具，常用控制面板简介，元件、实例与图资源，第 5～9 章主要介绍动画的制作过程和脚本教程，具体内容有：基本动画、特效动画、声音与视频的编辑、创建交互式动画、作品的发布与输出；后 5 章主要是一些应用实例，具体内容有：仿古灯、翻页效果、拍照效果、展开与折起的扇子、瀑布，通过对这些具体实例的讲解可以使读者进一步了解并应用 Flash CS6 软件进行动画制作的过程。

本书适合 Flash 的初学者及具有一定 Flash 基础的爱好者，也可作为本科院校师生学习 Flash CS6 软件的教材。

图书在版编目(CIP)数据

中文版 Flash CS6 网页动画设计教程/孟克难，黄超，刘宏芹编著. --北京：清华大学出版社，2013
(高等学校应用型特色规划教材)
ISBN 978-7-302-32300-6

Ⅰ. ①中… Ⅱ. ①孟… ②黄… ③刘… Ⅲ. ①动画制作软件—高等学校—教材　Ⅳ. ①TP391.41

中国版本图书馆 CIP 数据核字(2013)第 091908 号

责任编辑：汤涌涛
封面设计：杨玉兰
责任校对：周剑云
责任印制：杨　艳

出版发行：清华大学出版社
　　网　　　址：http://www.tup.com.cn，http://www.wqbook.com
　　地　　　址：北京清华大学学研大厦 A 座　　　邮　　编：100084
　　社　总　机：010-62770175　　　　　　　　　　邮　　购：010-62786544
　　投稿与读者服务：010-62776969，c-service@tup.tsinghua.edu.cn
　　质　量　反　馈：010-62772015，zhiliang@tup.tsinghua.edu.cn
　　课　件　下　载：http://www.tup.com.cn，010-62791865
印　刷　者：北京富博印刷有限公司
装　订　者：北京市密云县京文制本装订厂
经　　销：全国新华书店
开　　本：185mm×260mm　　　　印　张：17.75　　　　字　　数：425 千字
版　　次：2013 年 8 月第 1 版　　　　　　　　　　　　印　　次：2013 年 8 月第 1 次印刷
印　　数：1～3000
定　　价：36.00 元

产品编号：051385-01

前　言

Flash 是矢量动画制作软件，它不仅稳定性好，而且功能强大，因此被应用于很多领域，比如片头动画、产品展示、多媒体光盘、网络交互式游戏、Flash 网站、专业贺卡和卡通动画、专业漫画网站、教学课件的开发。随着网络多媒体技术的不断发展，Flash 将会作为一个产业渗透到音乐传媒、IT、广告、房地产、游戏等各个领域，从而成为一款不折不扣的跨媒体、跨行业的软件。

自 1999 年末，Flash 软件进入国内以来，短短几年时间，已经受到网页制作人员的热烈欢迎。经过多次的版本升级，其功能已逐步完善，让用户制作动画变得更加轻松惬意。

为了帮助从未接触过 Flash 的初学者在短时间内成为熟练掌握动画制作的设计师，我们编写了本书。

全书共分 14 章，包括如下内容。

第 1 章～第 4 章主要介绍 Flash CS6 软件的基础知识，具体内容包括 Flash 基础知识，绘制及编辑图像工具，常用控制面板简介，元件、实例与图资源，使读者可以为后面制作动画打下基础。

第 5 章～第 9 章主要介绍动画的制作过程和脚本教程，具体内容包括：基本动画、特效动画、声音与视频的编辑、创建交互动画、作品的发布与输出。

第 10 章～第 14 章主要是一些应用实例，具体内容包括仿古灯、翻页效果、拍照效果、展开与折起的扇子、瀑布，通过对这些具体实例的讲解可以使读者进一步了解并应用 Flash CS6 软件进行动画制作的过程。

本书主要特色如下。

(1) 理论与实践相结合。使读者在学习理论后，能够及时在实例中理解和掌握。

(2) 专业性、实用性强。本书中用到的实例大多为新手学习的常用实例。

(3) 内容丰富、实例典型、步骤详细。即使读者对 Flash 的了解很少，只要按照本书各动画实例给出的步骤进行操作，也能够制作出对应的动画，从而逐渐掌握 Flash CS6 软件的使用。

本书适合 Flash 初学者及具有一定 Flash 基础的爱好者，同时可作为本科院校师生学习 Flash CS6 软件的教材。

本书由孟克难、黄超、刘宏芹共同编写。其中，第 2、4、5、7、8、9、10、12、13、14 章由孟克难编写，第 1、3、6、11 章由黄超编写，全书由刘宏芹负责统稿。

由于编者水平有限，加上时间仓促，书中难免有一些不足之处，欢迎同行和读者批评指正。

编　者

目　　录

第1章　Flash 基础知识

本章主要介绍 Flash CS6 的一些基础知识，如 Flash 的功能和特点，工作界面及创建 Flash 文档的基本步骤。

1.1　Flash 与动画

Flash CS6 是 Adobe 公司目前推出的 Flash 官方最新版本，是动画制作与特效制作最优秀的软件，使用该软件可以创建从简单的动画到复杂的交互式 Web 应用程序之间的任何作品。

用户可以使用 Flash 软件，将零散的图片、声音和视频等元素组合在一起，为其添加各种丰富多彩的特效，制作出属于自己的 Flash 动画。

1.1.1　Flash 简介

Adobe Flash Professional CS6 为创建数字动画、交互式 Web 站点、桌面应用程序以及手机应用程序提供了功能全面的创作和编辑环境。可以在 Flash 中创建原始内容或者从其他 Adobe 应用程序(如 Photoshop 或 Illustrator)导入素材，快速设计简单的动画，以及使用 Adobe AcitonScript 3.0 开发高级的交互式项目。设计人员和开发人员可使用它来创建演示文稿、应用程序和其他允许用户交互的内容。Flash 可以制作简单的动画、视频内容、复杂的演示文稿和应用程序以及介于它们之间的任何内容。通常，使用 Flash 创作的各个内容单元称为应用程序，即使它们可能只是很简单的动画片断，也可以通过添加图片、声音、视频和特殊效果，构建包含丰富媒体的 Flash 应用程序。

Flash 特别适合创建通过 Internet 提供的内容，因为它的文件非常小。Flash 是通过广泛使用矢量图形做到这一点的。与位图图形相比，矢量图形需要的内存和存储空间小很多，因为它们是以数学公式而不是大型数据集来表示的。位图图形之所以更大，是因为图像中的每个像素都需要一组单独的数据来表示。

要在 Flash 中构建应用程序，可以使用 Flash 绘图工具创建图形，并将其他媒体元素导入 Flash 文档。然后定义如何以及何时使用各个元素来创建设想中的应用程序。

Flash 是一个非常优秀的矢量动画制作软件，它以流式控制技术和矢量技术为核心，制作的动画具有短小精悍的特点，所以被广泛应用于网页动画的设计中，成为当前网页动画设计最为流行的软件之一。

1.1.2　动画简介

传统的动画是通过把人或物的表情、动作等分段画成许多幅画，再用摄影机连续拍摄成一系列画面，然后连续播放这些画面就形成了动画。随着电脑技术的不断发展，动画制作软件应运而生，动画制作过程进入了一个新的阶段。动画设计师们可以在电脑中绘制出图画，或者将手绘的人物造型和场景扫描到电脑中，然后用图像和动画软件进行深加工及动画处理，制作一部完整的动画片。

动画发展至今，形成了多个划分标准。例如：根据制作技术和手段的不同，可分为以手工绘制为主的传统动画和以计算机制作为主的电脑动画；根据播放效果的不同，可分为顺序动画(连续动作)和交互式动画(反复动作)；根据每秒播放幅数的不同，可分为全动画(逐帧动画，每秒播放 24 帧)和半动画(每秒播放少于 24 帧)；根据空间视觉效果的不同，可分为二维动画和三维动画。

用 Flash 等软件制作的动画属于二维动画，如《七龙珠》、《灌篮高手》、《小鲤鱼历险记》、《喜洋洋与灰太狼》等；而三维动画通常是用 Maya 或 3ds max 制作而成的，如《功夫熊猫》、《玩具总动员》、《海底总动员》、《玩具之家》、《秦时明月》、《魔比斯环》等。

电脑动画由于应用领域的不同，其动画文件的存储格式也不同，其中 GIF 和 SWF 是最常用到的动画文件格式。下面介绍这两种常用格式。

- GIF 动画格式。GIF 图像采用"无损数据压缩"方法中压缩率较高的 LZW 算法，文件尺寸较小，且该动画格式可以同时存储若干幅静止图像并自动形成连续的动画。目前 Internet 上幅面较小、精度较低的彩色动画文件多采用这种格式，很多图像浏览器都可以直接观看此类动画文件。

- SWF 动画格式。SWF 是一种支持矢量和点阵图形的动画文件格式，被广泛应用于网页设计、动画制作等领域，SWF 文件通常也被称为 Flash 文件。SWF 的普及程度很高，现在超过 99%的网络使用者都可以读取 SWF 文档。这个文档格式由 FutureWave 创建，后来主要用于如下目的：创作小档案以播放动画。计划理念是可以在任何操作系统和浏览器中进行的，并让网速较慢的人也能顺利浏览。SWF 文件 可以用 Adobe Flash Player 软件打开，浏览器必须安装 Adobe Flash Player 插件。

1.2 Flash 的功能和特点

在 Flash 诞生之前，因特网上使用的大多是 GIF 动画或 Java 动画。GIF 动画文件的尺寸较大，Java 动画则要求制作者具有较高的编程能力。而 Adobe 公司推出的 Flash 软件则提供了创作网络动画的新途径。

目前，许多网站都采用 Flash 技术来制作网页动画，许多电视广告、电脑游戏的片头和片尾也都使用 Flash 软件来制作。Flash 软件还广泛应用于交互式软件开发、产品展示以及教学等方面。

Flash 软件可以直接输出 Windows 可执行文件(.exe 格式)，还可以制作出精致的 Flash 游戏。使用 Flash 插件，能把 Flash 动画直接嵌入 Visual Basic、Visual C++所生成的 Windows 可执行文件中。在专业的多媒体制作软件 Authorware 和 Director 中，也可以导入 Flash 动画。

1.2.1　Flash 的优点

Flash 是一款非常优秀的矢量动画制作软件，之所以被许多人广泛使用，是由于其具有以下优点。

(1) 文件体积小。Flash 的编辑对象主要是矢量图形，它只需要用很少的矢量数据便可以描述相当复杂的对象，因而生成的影片文件特别小，即使加入了声音，Flash 也能很好地对声音文件进行压缩处理。一般一个 2 分钟的 Flash MTV 影片文件不会超过 1MB。另外，Flash 编辑的矢量图形可以做到无限放大，而且放大时不会出现图像质量下降的问题。

(2) Flash 动画是一种流式动画。Flash 动画在因特网上可以边下载边播放，这一特点是 Java 动画无法比拟的。

(3) 支持插件播放。这使 Flash 能脱离浏览器来运行。用户只需要安装一次插件，以后就可以快速启动并观看动画。

(4) 支持事件响应和交互功能。在 Flash 中，影片剪辑、按钮元件及关键帧都可以有自己的事件响应，设计者可以通过预先设置事件响应达到控制动画的目的。

(5) 可以输出多种格式的文件。使用 Flash 不仅可以生成 Flash 格式的动画，还可以输出 GIF、MOV、AVI、RM 等格式的文件。

(6) 创建和编辑 Flash 动画的方法简单易学。在 Flash 中有渐变动画，通过使用关键帧和渐变技术，简化了动画的制作过程。

1.2.2　Flash CS6 的新增功能

Flash CS6 主要的新增功能如下。

(1) 设计出充满表现力的内容。Flash CS6 软件内含强大的工具集，具有排版精确、版面保真和丰富的动画编辑功能，能帮助用户清晰地传达创作构思。

(2) HTML 的新支持。以 Flash Professional 的核心动画和绘图功能为基础，利用新的扩展功能(单独提供)创建交互式 HTML 内容。导出 JavaScript 来针对 CreateJS 开源架构进行开发。

(3) 生成 Sprite 表单。可以导出元件和动画序列，以快速生成 Sprite 表单，协助改善游戏体验、工作流程和性能。

(4) 锁定 3D 场景。使用直接模式作用于针对硬件加速的 2D 内容的开源 Starling Framework，从而增强渲染效果。

(5) 高级绘制工具。借助智能形状和强大的设计工具，更精确有效地设计图稿。

(6) 行业领先的动画工具。使用时间轴和动画编辑器创建和编辑补间动画，使用反向运动为人物动画创建自然的动画。

(7) 高级文本引擎。通过"文本版面框架"获得全球双向语言支持和先进的印刷质量排版规则 API。从其他 Adobe 应用程序中导入内容时仍可保持较高的保真度。

(8) Creative Suite 集成。使用 Adobe Photoshop CS 6.0 软件对位图图像进行往返编辑，然后与 Adobe Flash Builder 4.6 软件紧密集成。

(9) 专业视频工具。借助随附的 Adobe Media Encoder 应用程序，可以将视频轻松并入项目中并高效转换视频剪辑。

(10) 滤镜和混合效果。为文本、按钮和影片剪辑添加有趣的视觉效果,创建出具有表现力的内容。

(11) 基于对象的动画。可以控制个别动画的属性,将补间直接应用于对象而不是关键帧。使用贝赛尔手柄可以轻松更改动画。

(12) 3D 转换。借助激动人心的 3D 转换和旋转工具,将 2D 对象在 3D 空间中转换为动画,让对象沿 x、y 和 z 轴运动。将本地或全局转换应用于任何对象。

(13) 创建一次,即可随处部署。使用预先封装的 Adobe AIR Captive 运行时创建应用程序,在台式计算机、智能手机、平板电脑和电视上呈现一致的效果。

(14) 广泛的平台和设备支持。锁定最新的 Adobe Flash Player 和 AIR 运行时,使您能针对 Android 和 iOS 平台进行设计。

(15) 高效的移动设备开发流程。管理针对多个设备的 FLA 项目文件。跨文档和设备目标共享代码和资源,为各种屏幕和设备有效地创建、测试、封装和部署内容。

(16) 创建预先封装的 Adobe AIR 应用程序。使用预先封装的 Adobe AIR Captive 运行时创建和发布应用程序。简化应用程序的测试流程,使终端用户无需额外下载即可运行您的内容。

(17) 在调整舞台大小时缩放内容。元件和移动路径已针对不同屏幕大小进行优化设计,因此在进行跨文档分享时可节省时间。

1.3 Flash 动画的学习方法

在学习 Flash 动画的制作过程中,有很多人都认为 Flash 动画很不好学,其实,Flash 属于一款简单易学的动画设计软件,任何人都可以轻松上手,只是很多人在学习的时候没有掌握好要领。在这里,为大家推荐一套学习 Flash 动画的方法。

(1) 首先认识 Flash 动画的应用范围,确定自己学习 Flash 动画的方向。因为随着 Flash 软件功能的不断提升,通过它可以制作出大型的电子商务网站。由于软件功能的不断提升,Flash 动画设计人员将逐渐分为两类,一类是优秀的前台动画设计师,另一类是熟悉编程的后台编程人员。所以大家在学习的时候要确定自己主要学习动画设计,还是学习后台编程。本书主要是以前台动画设计为主进行讲解。

(2) 掌握绘制与编辑图形的方法。图形的绘制与编辑主要是通过各个工具与面板来完成的,大家需要熟练掌握这些工具。

(3) 系统掌握与 Flash 有关的基础知识。比如,位图、矢量图,它们两个的区别;帧、场景、图层的定义和作用,在时间轴中的位置等。

(4) 掌握各类 Flash 动画的制作原理。所有 Flash 动画都是由各个基本动画类型组成的,因此制作 Flash 动画时,要将各个基本动画的原理与制作方法搞清楚。

(5) 多看、多练、多思考。多看一些别人制作好的作品,再自己实际动手做一做。另外,在看别人的作品时,要思考这些动画可以通过哪些动画类型来制作完成,自己按照这种方法能不能完成。

另外,还需要掌握一些美术与音频、视频处理的相关知识。

1.4　熟悉 Flash CS6 的工作界面

要创建 Flash 动画，用户首先要了解 Flash 工作界面各组成部分的作用，以便在今后的学习使用中能够得心应手，应用自如。本节就来介绍 Flash CS6 的工作界面。

成功启动 Flash CS6 后便会进入初始用户界面，如图 1-1 所示。在"开始页"界面可以打开最近使用过的项目或者打开保存在本地磁盘等地的项目，也可以创建新的项目。另外，Flash CS6 还提供了非常多的模板，可以通过模板创建项目。如图 1-2 所示为 Flash CS6 的工作界面，主要包括标题栏、菜单栏、主工具栏、工具箱、场景和舞台、时间轴面板、属性面板及多个控制面板。

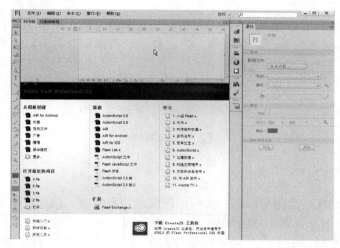

图 1-1　Flash CS6 的"开始页"

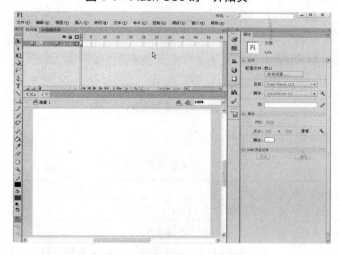

图 1-2　Flash CS6 的工作界面

1.4.1 标题栏

Flash CS6 的标题栏右侧有"搜索"栏及最小化、还原\最大化、关闭按钮，如图 1-3 所示。

在"搜索"栏可以输入要搜索的文件，使用最小化、还原\最大化、关闭按钮可以实现窗口的最小化、还原\最大化、关闭操作。

图 1-3 标题栏

1.4.2 菜单栏

Flash CS6 的菜单栏中包括 11 项菜单，它们是文件菜单、编辑菜单、视图菜单、插入菜单、修改菜单、文本菜单、命令菜单、控制菜单、调试菜单、窗口菜单和帮助菜单，如图 1-4 所示。

这些菜单集中了制作 Flash 动画的大部分操作命令。

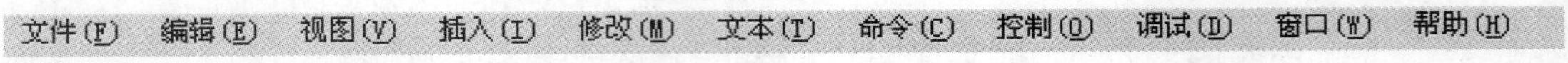

文件(F) 编辑(E) 视图(V) 插入(I) 修改(M) 文本(T) 命令(C) 控制(O) 调试(D) 窗口(W) 帮助(H)

图 1-4 菜单栏

1.4.3 主工具栏

Flash 将一些常用菜单命令以图标按钮的形式组织在一起，放置在主工具栏中。当鼠标指向某个图标按钮时，在其下方会出现该按钮的功能说明，通过单击按钮即可执行相应的命令，如图 1-5 所示。主工具栏通常位于界面顶部，可以通过选择"窗口"|"工具栏"|"主工具栏"菜单来显示或隐藏，还可以通过拖动按钮外的空白区域来改变主工具栏的位置。

如图 1-5 所示。

图 1-5 主工具栏

主工具栏中各个按钮的功能如表 1-1 所示。

表 1-1 各个按钮的功能列表

按钮名称	按钮图标	按钮功能
新建	☐	用于新建一个 Flash 文档
打开	☐	用来打开一个已经存在的文件
转到 bridge	☐	通过它可以轻松直观地浏览和使用电脑中保存的图片与视频。这是对常用文件打开功能的一个很好补充，可以有效地减少文件的打开操作

续表

按钮名称	按钮图标	按钮功能
保存	💾	用来保存当前编辑的文件，但不退出编辑状态
打印	🖶	用来打印当前编辑的内容
剪切	✂	把选中的内容剪切下来，存入系统剪贴板中
复制	📑	把选中的内容复制下来，存入系统剪贴板中
粘贴	📋	把系统剪贴板中的内容粘贴到指定的位置
撤销	↰	用于还原本次修改前的内容
重做	↱	用于重新还原被撤销的内容
紧贴至对象	🧲	可以在调整圆、矩形、线条等对象之间的位置时使之贴近对象；在设置引导动画路径时使对象自动粘贴到引导线
平滑	⤳	使选中的图形更加平滑，多次单击该按钮具有累积效应
伸直	⤾	使选中的图形更加平直，多次单击该按钮具有累积效应
旋转与倾斜	↻	用于改变舞台中对象的旋转角度和倾斜变形
缩放	⤢	用于改变舞台中对象的大小
对齐	⊞	可对舞台中多个选中对象的对齐方式和相对位置进行调整

1.4.4　工具箱

在默认状态下，工具箱位于 Flash CS6 工作界面的左侧，可以使用鼠标拖动来改变它的位置。如图 1-6 所示，工具箱中的工具又可分为以下 4 部分。

- “工具”区域：包含绘图、填充、编辑工具。
- “查看”区域：包含“缩放”和“手形”工具，它们是在应用程序窗口内进行缩放和移动的工具。
- “颜色”区域：用于设置笔触颜色和填充颜色。
- “选项”区域：显示当前所选工具的功能和属性。

利用工具箱中的工具，可以绘制、填充、编辑图形，给图形填充颜色或改变舞台的视图等。通过选择“窗口”|“工具”菜单，可以显示或隐藏 Flash 的工具箱，如图 1-6 所示。

图 1-6　工具箱

工具箱中各个工具的功能如表 1-2 所示。

表 1-2　各工具的功能

工具名称	工具图标	工具功能
选择工具	➤	三个功能分别是选取对象、移动对象、改变对象的形状
部分选取工具	➤	用于编辑对象的形状
任意变形工具	⬚	用于对图形进行缩放、旋转、倾斜、翻转、透视、封套等变形操作

续表

工具名称	工具图标	工具功能
3D 旋转工具		用于对 3D 图形旋转和平移
套索工具		常用于选取不规则的物体
钢笔工具		可绘制任意形状的图形及矢量线，也可作为选取工具使用
文本工具	T	主要用于动画中文字的输入与设置
线条工具		用于绘制任意的直线线段
矩形工具		用于绘制矩形、椭圆、基本矩形、基本椭圆、多角星形
铅笔工具		用于绘制矢量线和任意形状的图形
刷子工具		用于绘制图形或者为图形填充颜色
Deco 工具		用于绘制蔓藤式、建筑物、火焰、闪电等图形
骨骼工具		将缓动和弹性带入骨骼系统，由强大的反向动力关节引擎带来栩栩如生的真实动作
颜料桶工具		主要用于对矢量图的某一区域进行填充
滴管工具		用于从指定的位置获取色块或线段的颜色
橡皮擦工具		用于擦除整个图形或者图形的一部分
手形工具		用于移动应用窗口中的对象
缩放工具		用于缩放应用窗口中的对象
笔触颜色		设置图形的笔触颜色
填充色		设置图形的填充颜色
紧贴至对象		在调整圆、矩形、线条等对象之间的位置时使之贴近对象；在设置引导动画路径时使对象自动粘贴到引导线
平滑		使选中的图形更加平滑，多次单击该按钮具有累积效应
伸直		使选中的图形更加平直，多次单击该按钮具有累积效应

1.4.5 时间轴面板

时间轴面板包括两部分，即图层区域和时间线区域，如图 1-7 所示，用于管理动画中的图层和帧。通过选择"窗口"|"时间轴"菜单，可以显示或隐藏时间轴面板。

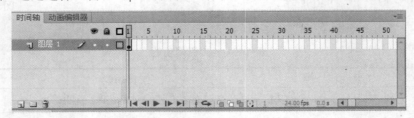

图 1-7 时间轴面板

1.4.6　场景与舞台

在当前界面中，用于设置动画内容的整个区域称为"场景"。但最终动画会显示场景中矩形区域内的内容，这个区域被称为"舞台"。舞台之外的灰色区域则称为"工作区"。场景是对影片中各对象进行编辑、修改的场所。

1.4.7　属性面板

属性面板根据当前选定内容的不同，可以显示当前文档、文本、元件、形状、位图、视频、群组、帧或工具的信息和设置。当选定了两个或多个不同类型的对象时，它会显示选定对象的总数。属性面板会根据用户选择对象的不同而变化，以反映当前对象的各种属性，如图 1-8 所示。

可以查看舞台或时间轴上当前选定项的常用属性，并对对象的相应属性进行设置。通过"窗口"|"属性"菜单可以实现属性面板的显示或隐藏操作。

1.4.8　浮动控制面板

浮动控制面板位于工作界面的右侧，它们可以单独拖动出来，还可以收缩起来，以节省屏幕的空间。

浮动控制面板可以帮助用户预览、组织和改变文档中的元素，利用面板中的可用选项可控制元件、实例、颜色、文字、帧及其他元素的特征。通过"窗口"菜单的下拉列表中可以显示或隐藏需要的面板。

图 1-8　属性面板

1.5　Flash 文档

在 Flash 中，可以创建新文档或打开以前保存的文档，并可以使用"属性"面板或在"文档属性"对话框中来设置新文档或现有文档的大小、帧频、背景颜色和其他属性。

1.5.1　创建 Flash 文档

创建文档的方式有以下几种。

- 使用"开始"页创建新文档。
- 使用"文件"|"新建"菜单命令，打开"新建文档"对话框，在"常规"选项卡上选择各种不同的 Flash 文档类型，然后单击"确定"按钮。
- 单击主工具栏中的"新建"按钮，可以创建新的 Flash 文档。

例 1.1　使用第二种方法创建一个 Flash 文档，具体操作步骤如下。

(1) 单击"文件"菜单，如图 1-9 所示。

图 1-9　单击"文件"菜单

(2) 在弹出的"文件"菜单中，选择"新建"命令，如图 1-10 所示。

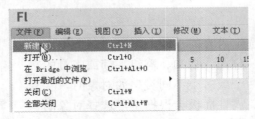

图 1-10　选择"新建"命令

(3) 在弹出的"新建文档"对话框中的"常规"选项卡中，根据文档用途，选择 Flash 文档类型，然后单击对话框右下角的"确定"按钮，如图 1-11 所示。

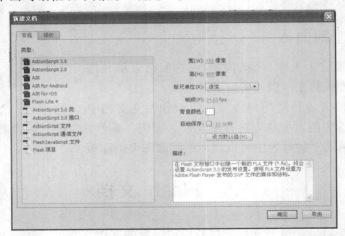

图 1-11　创建 Flash 文档

1.5.2　打开 Flash 文档

打开 Flash 文档的方式有以下几种。

- 使用"开始"页打开 Flash 文档。
- 使用"文件" | "打开"菜单命令，打开"打开"对话框，在打开对话框中定位文件所在的路径并选择文件，然后单击"打开"按钮。
- 单击主工具栏中的"打开"按钮，打开"打开"对话框，在打开对话框中定位文件所在的路径并选择文件，然后单击"打开"按钮。

例 1.2　使用第三种方法打开一个已经存在的 Flash 文档。

(1) 单击主工具栏中的"打开"按钮，如图 1-12 所示。

图 1-12   单击"打开"按钮

(2) 在弹出的"打开"对话框中的"查找范围"下拉列表中定位文件路径。本例为
"E:\FLASH 课件\我的练习",如图 1-13 所示。

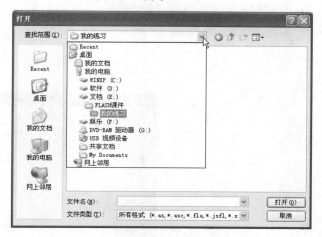

图 1-13   定位文件路径

(3) 定位文件路径后,选择所要打开的 Flash 文档,本例为"1.fla",然后单击对话框
右下角的"打开"按钮,如图 1-14 所示。

图 1-14   打开 Flash 文档

1.5.3   设置文档属性

创建新文档或打开现有文档后,可以根据需要设置或修改文档的相关属性。文档的属
性包括大小(尺寸)、背景颜色、帧频等。

设置文档属性的方式如下。

- 使用"属性"面板设置文档属性。
- 右击舞台或工作区，在弹出的快捷菜单中设置文档属性。

例 1.3　使用第一种方法设置文档属性。

(1) 在不选中文档中的任何对象的情况下，选择"窗口"|"属性"菜单命令，将"属性"面板打开，如果"属性"面板已经打开，则可以省去这一步，如图 1-15 所示。

(2) 右击"属性"面板中的大小属性后面的"编辑文档属性"按钮，打开"文档设置"对话框，如图 1-16 所示。

图 1-15　"属性"面板

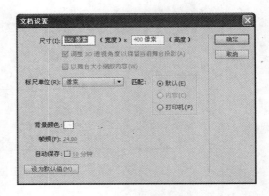

图 1-16　"文档设置"对话框

(3) 在"尺寸"文本框中直接输入文档的大小值，便可以设置文档的大小。本例设置为 780 像素×440 像素，如图 1-17 所示。

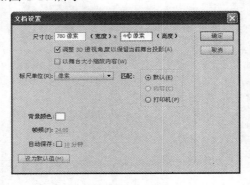

图 1-17　设置文档大小

注意：　在设置文档大小时，默认的文档大小为 550 像素×400 像素并且最小尺寸为 1 像素×1 像素，最大尺寸为 2880 像素×2880 像素；要将舞台设置为最大可用打印区域，可选中"匹配"选项组中的"打印机"单选按钮；要使舞台的大小恰好容纳当前影片的内容，可选中"匹配"选项组中的"内容"单选按钮；如果要将当前的尺寸设置为默认尺寸，可选中"匹配"选项组中的"默认"单选按钮。

(4) 要设置文档的背景颜色，可以单击"背景颜色"按钮，然后从弹出的颜色列表中进行选择。本例选择"黑色"，如图 1-18 所示。

(5) 在"帧频"文本框中输入每秒要播放的动画帧数。本例设置帧频为 24，如图 1-19 所示。

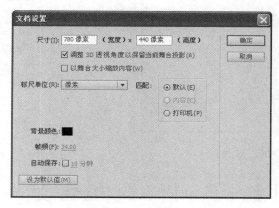

图 1-18　设置背景颜色

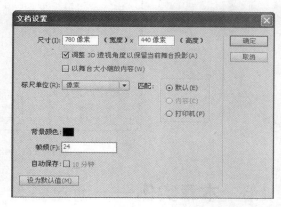

图 1-19　设置帧频

(6) 如果需要，可以在"标尺单位"下拉列表中选择一种数量单位。最后单击"确定"按钮，完成文档属性的设置。

1.5.4　保存 Flash 文档

Flash 文档创建完成后，就可以将它保存，通过"文件"|"保存"菜单命令或者"文件"|"另存为"菜单命令都可以进行保存。

例 1.4　保存 Flash 文档，具体操作步骤如下。

(1) 单击"文件"菜单，在弹出的下拉菜单中选择"保存"或者"另存为"命令，如图 1-20 所示。

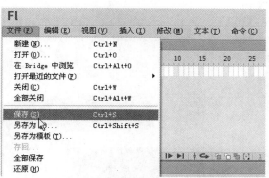

图 1-20　"文件"级联菜单

(2) 弹出"另存为"对话框，通过"保存在"下拉列表框定位保存位置。然后在"文件名"下拉列表框中输入文档名称，单击"确定"按钮即可完成保存操作，如图 1-21 所示。

图 1-21 "另存为"对话框

1.6 本章实例——新建名为"第一章示例"的 Flash 文档

1. 主要目的

练习新建 Flash 文档，并更改文档属性设置，最后完成文档的保存操作。本例新建"第一章示例"文档，将其文档大小设置为 300 像素×100 像素，背景颜色设置为红色。

2. 上机准备

(1) 熟练掌握新建 Flash 文档的操作。

(2) 掌握文档属性的设置方法。

(3) 掌握文档的保存方法。

3. 操作步骤

最终的效果如图 1-22 所示。

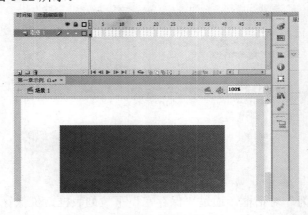

图 1-22 最终效果

具体操作步骤如下。

(1) 在 Flash CS6 应用程序中，右击"文件"菜单，在弹出的"文件"下拉菜单中，选择"新建"命令,如图 1-23 所示。

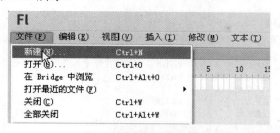

图 1-23　"文件"下拉菜单

(2) 在弹出的"新建文档"对话框中的"常规"选项卡下,根据文档用途,选择 Flash 文档类型,然后单击"确定"按钮,如图 1-24 所示。

(3) 在新建的 Flash 文档中,单击"属性"面板中的"大小"属性后面的"编辑文档属性"按钮,如图 1-25 所示。

图 1-24　"新建文档"对话框

图 1-25　单击"编辑文档属性"按钮

(4) 在弹出的"文档设置"对话框中,设置文档大小为 300 像素×100 像素,背景颜色为"红色"。然后单击"确定"按钮,如图 1-26 所示。

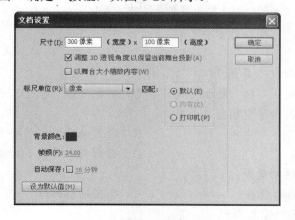

图 1-26　"文档设置"对话框

(5) 单击"文件"菜单，在弹出的下拉菜单中选择"保存"命令，如图 1-27 所示。

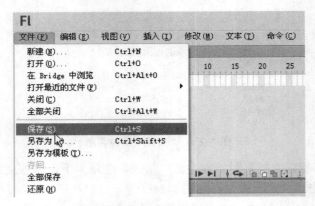

图 1-27　"文件"下拉菜单

(6) 在弹出的"另存为"对话框中，将文档保存在"E:\FLASH 课件\我的练习"目录下，名称为"第一章示例"，然后单击"确定"按钮即可完成保存操作，如图 1-28 所示。

图 1-28　"另存为"对话框

1.7　课　后　练　习

1. 选择题

(1) 工具箱中的缩放工具属于(　　)区域。

　　A. 绘图区域　　　B. 查看区域　　　C. 颜色区域　　　D. 选项区域

(2) Flash 6.0 应用程序中的场景是指(　　)。

　　A. 舞台　　　　　　　　　　B. 设置动画内容的整个区域

　　C. 工作区　　　　　　　　　D. 舞台与工作区的组成

(3) 时间轴面板的功能是(　　)。

　　A. 管理动画的图层　　　　　B. 管理动画的帧

　　C. 管理动画的图层与帧　　　D. 管理时间

(4) Flash 文档的默认大小是(　　)。
　　A. 1×1　　　　B. 550×400　　C. 780×440　　D. 780×400
(5) 要打开已经存在的 Flash 文档，课本中介绍了(　　)种方法。
　　A. 1　　　　　B. 2　　　　　C. 3　　　　　D. 4

2．填空题

(1) 要打开或隐藏工具箱应该选择(　　　)命令。
(2) Flash 动画的特点有(　　)、(　　　)、(　　)、(　　　)、(　　　)和(　　)。
(3) 时间轴控制面板的作用是(　　　)。
(4) 要打开"属性"面板，应该选择(　　)命令或按下(　　)快捷键。
(5) 创建 Flash 文档常用的有(　　)、(　　)、(　　)三种方式。

3．上机操作题

(1) 在 Flash 应用程序中，隐藏"属性"面板、打开"对齐"面板及"库"面板。设计效果如图 1-29 所示。

(2) 设置文档属性，大小为 780 像素×440 像素，背景颜色为蓝色，帧频为 24。设计效果如图 1-30 所示。

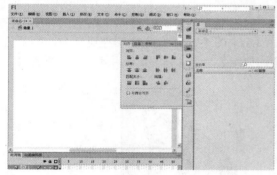 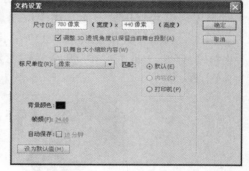

图 1-29　管理面板　　　　　　　　　图 1-30　设置文档属性

(3) 创建一个新文档，在其中绘制一个圆，设计效果如图 1-31 所示。

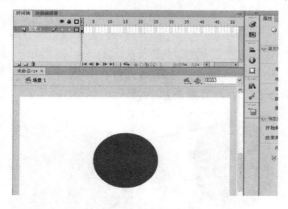

图 1-31　舞台中的圆

第 2 章　绘制及编辑图像工具

Flash 动画是由图形组成的，图形是最基础的元素，在 Flash 应用软件中也提供了制作图形的工具，即工具箱。本章就详细介绍 Flash CS6 的工具箱中各种工具的使用方法及其各项属性的设置方法。通过本章的学习，读者可以全面了解 Flash CS6 中各种常用工具的功能，并熟练使用这些工具绘制各种各样的矢量图形以及对图形进行编辑、修饰等。

2.1　Flash 的图形格式

在使用 Flash 对图像进行处理之前，需要先分析图像的类型。图像类型一般分为两种：矢量图和位图。这两种格式的图像各有特点，下面就分别进行介绍。

2.1.1　位图

位图是以像素的点作为存储图像方式，这些像素点在图像中会显得异常绚丽。当图像放大时会出现马赛克现象。而且由于位图是用像素点方式存储，所以一般来说位图图像会比矢量图大。当然，并不是说所有的矢量图都比位图小，如果是线条特别复杂，图像色彩内容也特别复杂，有时完全相同的矢量图也会比位图大，但这样的情况并不常见。如图 2-1 所示为位图放大情况。

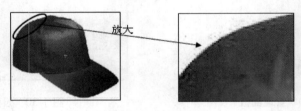

图 2-1　位图放大情况

2.1.2　矢量图

矢量图是计算机利用点和线的属性方式来表达的，可以通过对图像中的点进行移动来达到修改图像的目的。矢量图的特点在于图像文件小，而且对图像进行放大和缩小均不会影响图像的质量。如图 2-2 所示为矢量图放大情况。

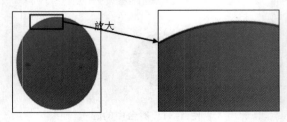

图 2-2　矢量图放大情况

2.2　绘制图形的工具

　　Flash 工具箱中的工具主要用于图形的绘制、选取以及其他一些对图形的基本操作。其中用于基本图形绘制的主要有线条工具、钢笔工具、铅笔工具、椭圆工具、矩形工具和文本工具。下面就分别介绍这 6 种绘图工具。

2.2.1　线条工具

　　在工具箱中单击线条工具 ＼ 按钮，可以绘制任意直线线段。

　　例 2.1　对线条工具及属性面板的操作。

　　使用属性面板可以对直线的一些属性进行设置，比如线粗、颜色、类型等。在设置直线的属性时，可以在选择线条工具后，直接在属性面板中设置线条的相关属性；也可以在绘制完直线后，再设置直线的属性。

　　方法一：先设置属性，再绘制直线。

　　(1) 单击工具箱中的"线条工具"，如图 2-3 所示。

图 2-3　单击线条工具

　　(2) 弹出"属性"面板，在"属性"面板中单击"笔触颜色"按钮，如图 2-4 所示。

　　(3) 在弹出的笔触颜色列表框中，选择笔触颜色。本例中选择蓝色，如图 2-5 所示。

图 2-4　单击笔触颜色按钮

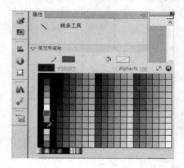

图 2-5　选择笔触颜色

　　(4) 在"属性"面板中设置好线条工具的颜色后，按住鼠标左键在舞台上拖动，绘制一条直线，如图 2-6 所示。

　　(5) 在"属性"面板中，单击样式下拉列表框后的下拉按钮，如图 2-7 所示。

图 2-6　绘制直线

图 2-7　样式下拉列表框

(6) 本例中选择"虚线"，如图 2-8 所示。

(7) 在"属性"面板中设置好线条工具的线型后，按住鼠标左键在舞台上拖动，绘制一条直线，如图 2-9 所示。

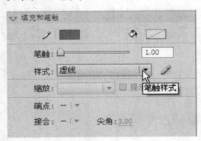

图 2-8 选择线型   图 2-9 绘制直线

(8) 在"属性"面板中，滑动"笔触"滑块或者单击后面的文本框直接输入数值都可以调节笔触高度即线条粗细，如图 2-10 所示。在"笔触"后的文本框中直接输入，本例设置笔触高度即线条粗细为 5，如图 2-11 所示。

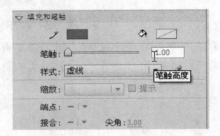

图 2-10 单击笔触文本框   图 2-11 设置笔触高度

(9) 在"属性"面板中设置好线条工具的线型后，按住鼠标左键在舞台上拖动，绘制一条直线，如图 2-12 所示。

方法二：先绘制直线，再设置直线的属性。

(1) 鼠标单击工具箱中的"线条工具"，如图 2-13 所示。

图 2-12 绘制直线   图 2-13 单击线条工具

(2) 按住鼠标左键在舞台上拖动，绘制一条直线，如图 2-14 所示。

(3) 单击工具箱中的"选择工具"，将它选中，如图 2-15 所示。

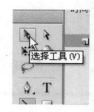

图 2-14　绘制直线　　　　　　　图 2-15　单击"选择工具"

（4）使用鼠标在舞台中单击绘制的直线，将直线选中，如图 2-16 所示。

（5）单击"属性"面板，在属性面板中设置直线的颜色、类型、粗细。本例设置线条颜色为红色，粗细为 4，线型为实线。效果如图 2-17 所示。

图 2-16　选中直线　　　　　　　　图 2-17　设置直线属性

（6）另外，在属性面板中还可以设置直线的端点类型。直线的端点类型包括"无"、"圆角"、"方形" 3 种，可以在绘制线条以前设置好线条属性，也可以在绘制完以后重新修改线条的这些属性。单击属性面板中的"端点"按钮，如图 2-18 所示。

（7）在属性面板中弹出端点的 3 种类型，从中选择需要设置的端点类型，如图 2-19 所示。

图 2-18　单击端点　　　　　　　　图 2-19　选择端点类型

（8）设置好直线的端点类型后，在舞台中可以看到 3 种直线的端点类型效果，如图 2-20 所示。

（9）同理，可以在属性面板中设置接合的类型。接合指的是在线段的转折处也就是拐角的地方，有"尖角"、"圆角"、"斜角" 3 种方式。可以在绘制线条以前设置好线条属性，也可以在绘制完以后重新修改线条的这些属性。单击属性面板中的"接合"按钮，如图 2-21 所示。

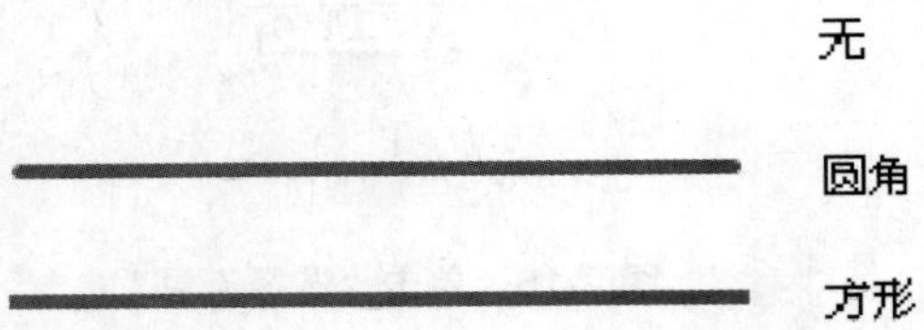

图 2-20　3 种端点类型效果

图 2-21　单击接合按钮

（10）在属性面板中弹出接合的 3 种类型，从中选择需要设置的接合类型，如图 2-22 所示。

（11）设置好直线的接合类型后，在舞台中可以看到 3 种接合类型的效果。如图 2-23 所示。

图 2-22　选择接合类型

图 2-23　三种接合效果

注意：　当使用"线条工具"在舞台上绘制直线时，如果同时按住键盘的 Shift 键，可以绘制出水平、垂直或者倾斜45度角的直线。

2.2.2　钢笔工具

钢笔工具可以绘制任意形状的图形及矢量线，也可作为选取工具使用。

例 2.2　对钢笔工具的操作。

（1）单击工具箱中的"钢笔工具" ，如图 2-24 所示。

（2）在舞台上单击鼠标左键，确定图形的起始点，将鼠标移到舞台中的其他位置单击鼠标左键，确定图形的另一点，在这两点之间便出现一条直线，如图 2-25 所示。

图 2-24　单击"钢笔工具"

（3）在舞台上的其他位置继续单击鼠标左键，确定另一条线的终点位置，便会在这两点之间出现一条直线，如图 2-26 所示。

（4）以上操作是在舞台中绘制直线，下面介绍在舞台中绘制曲线的方法。在舞台中的其他位置按住鼠标左键并拖动便会出现控制柄，通过调整控制柄，可以调整出一条曲线，如图 2-27 所示。

图 2-25 绘制直线   图 2-26 绘制另一条直线   图 2-27 绘制曲线

(5) 在舞台中的其他位置单击鼠标左键并按住鼠标左键拖动，可以继续绘制直线或者曲线，如图 2-28 所示。

(6) 在舞台中双击鼠标左键，完成图形的绘制操作，如图 2-29 所示。

(7) 如果在图形的起始位置双击鼠标左键，可以绘制一个有填充色的封闭图形，如图 2-30 所示。

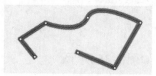 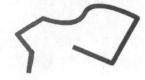

图 2-28 绘制线段   图 2-29 双击鼠标后效果   图 2-30 绘制封闭图形

注意：①设置钢笔工具绘制的线段或者图形的属性操作同设置直线工具的属性操作一致；②钢笔工具也可作为勾画图形的选取工具使用。

2.2.3 铅笔工具

铅笔工具主要用于绘制矢量线和任意形状的图形。

例 2.3 对铅笔工具的操作。

(1) 单击工具箱中的"铅笔工具" ，如图 2-31 所示。

(2) 在工具箱中的"选项"栏中单击"铅笔模式"按钮，如图 2-32 所示。

(3) 在弹出的铅笔模式中选择一种模式。本例选择"伸直"模式，如图 2-33 所示。

  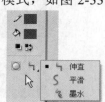

图 2-31 单击"铅笔工具"   图 2-32 单击"铅笔模式"按钮   图 2-33 选择铅笔模式

注意：选择伸直模式后，在绘制线段时，系统会自动将线段转变成直线，将其中的角度锐化；选择平滑模式后，系统会自动将其线段进行平滑处理；选择墨水模式后，系统会最大限度地保持线段原样。

(4) 在舞台中按住鼠标左键，拖动鼠标完成线段及图形的绘制，如图 2-34 所示。

图 2-34 绘制图形

2.2.4 椭圆工具

椭圆工具可以绘制实心或空心的椭圆和正圆。如果工具栏中显示没有椭圆工具，可以用鼠标左键长按矩形工具，就会出现矩形工具列表框，在其中选择椭圆工具即可。

例 2.4 对椭圆工具的操作。

(1) 在工具箱中选择"椭圆工具"，如图 2-35 所示。

(2) 在工具箱中的"颜色"栏中单击"笔触颜色"按钮，如图 2-36 所示。

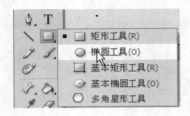

图 2-35 选择"椭圆工具"　　　　图 2-36 单击"笔触颜色"按钮

(3) 在弹出的笔触颜色列表框中，单击"无色"按钮，如图 2-37 所示。

(4) 在工具箱中的"颜色"栏中单击"填充颜色"按钮，如图 2-38 所示。

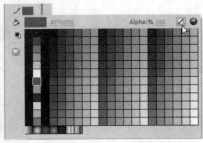
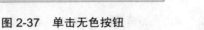

图 2-37 单击无色按钮　　　　图 2-38 单击"填充颜色"按钮

(5) 在弹出的填充颜色列表框中，选择椭圆的颜色。本例选择蓝色，如图 2-39 所示。

(6) 在舞台中，按住鼠标左键并拖动鼠标完成椭圆的绘制，如图 2-40 所示。

使用椭圆工具绘制没有填充颜色但有边框线的圆，具体操作步骤如下。

(1) 在工具箱中选择"椭圆工具"，如图 2-41 所示。

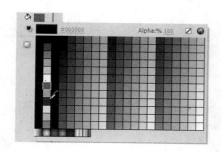

图 2-39　选择填充颜色　　　　　　　图 2-40　绘制椭圆

（2）在工具箱中的"颜色"栏中单击"笔触颜色"按钮，如图 2-42 所示。

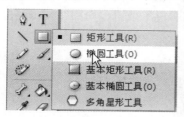

图 2-41　选择"椭圆工具"　　　　图 2-42　单击"笔触颜色"按钮

（3）在弹出的笔触颜色列表框中，选择笔触颜色。本例选择蓝色，如图 2-43 所示。

（4）在工具箱中的"颜色"栏中单击"填充颜色"按钮，如图 2-44 所示。

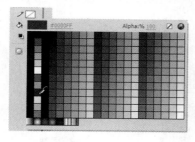

图 2-43　选择颜色　　　　　　图 2-44　单击"填充颜色"按钮

（5）在弹出的填充颜色列表框中，单击无色按钮，如图 2-45 所示。

（6）在舞台中，按住鼠标左键并拖动鼠标完成椭圆的绘制，如图 2-46 所示。

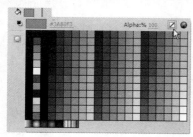

图 2-45　单击无色按钮　　　　　　图 2-46　绘制椭圆

使用椭圆工具绘制有填充颜色和边框线的圆，具体操作步骤如下。

（1）在工具箱中选择"椭圆工具"，如图 2-47 所示。

(2) 在工具箱中的"颜色"栏中单击"笔触颜色"按钮，如图 2-48 所示。

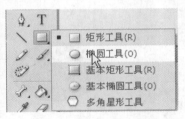

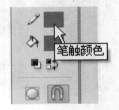

图 2-47　选择椭圆工具　　　　图 2-48　单击"笔触颜色"按钮

(3) 在弹出的笔触颜色列表框中，选择笔触颜色。本例选择蓝色，如图 2-49 所示。

(4) 在工具箱中的"颜色"栏中单击"填充颜色"按钮，如图 2-50 所示。

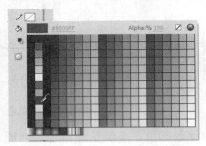

图 2-49　选择颜色　　　　　　图 2-50　单击"填充颜色"按钮

(5) 在弹出的填充颜色列表框中，选择填充颜色。本例选择红色，如图 2-51 所示。

(6)在舞台中，按住鼠标左键并拖动鼠标完成椭圆的绘制，如图 2-52 所示。

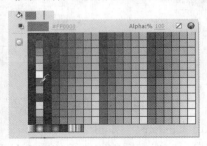

图 2-51　选择填充颜色　　　　　图 2-52　绘制椭圆

💡 注意：　①椭圆工具绘制的图形分为两部分，一部分是图形的轮廓线，另一部分是图形的填充颜色；②在使用椭圆工具绘制图形时，按住 Shift 键，绘制的是一个正圆。

2.2.5　矩形工具

矩形工具用于绘制实心或空心的矩形、圆角矩形、正方形、多边形、星形。

使用矩形工具绘制实心或空心图形的操作方法与下面介绍绘制椭圆的操作方法一样，下面介绍绘制圆角矩形的操作步骤。

(1) 单击工具箱中的"矩形工具",如图2-53所示。

(2) 在属性面板的"矩形选项"栏中滑动边角半径按钮或在文本框中输入边角半径数值来设置边角半径,如图2-54所示。

图2-53 单击"矩形工具"　　　　图2-54 设置边角半径

(3) 在属性面板的"矩形选项"栏下的文本框中输入边角半径为30,如图2-55所示。

(4) 在舞台中,按住鼠标左键,同时拖动鼠标绘制一个圆角矩形,如图2-56所示。

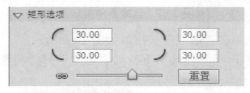

图2-55 设置边角半径　　　　　图2-56 绘制圆角矩形

绘制多边形的具体操作步骤如下。

(1) 用鼠标长按工具箱中的"矩形工具",在弹出的矩形工具列表中选择"多角星形工具",如图2-57所示。

(2) 在"多角星形工具"的属性面板中,单击"选项"按钮,如图2-58所示。

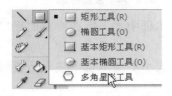

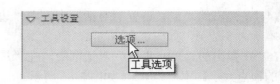

图2-57 选择"多角星形工具"　　　　图2-58 单击"选项"按钮

(3) 在弹出的"工具设置"对话框中,在"样式"下拉列表框中选择"多边形",如图2-59所示。

(4) 在弹出的"工具设置"对话框中,在"边数"文本框中输入所要绘制的多边形的边数。本例为六边形,如图2-60所示。

图 2-59 设置样式

图 2-60 设置边数

(5) 在舞台中，按住鼠标左键，同时拖动鼠标绘制一个六边形，如图 2-61 所示。

绘制星形的具体操作步骤如下。

(1) 用鼠标长按工具箱中的"矩形工具"，在弹出的矩形工具列表中选择"多角星形工具"，如图 2-62 所示。

图 2-61 绘制多边形

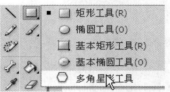

图 2-62 选择多角星形工具

(2) 在多角星形工具的属性面板中，单击"选项"按钮，如图 2-63 所示。

(3) 在弹出的"工具设置"对话框中，在"样式"下拉列表框中选择"星形"，如图 2-64 所示。

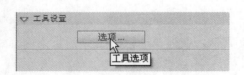

图 2-63 单击"选项"按钮

图 2-64 设置样式

(4) 在弹出的"工具设置"对话框中，在"边数"文本框中输入所要绘制的星形的边数。本例为 5 边形，如图 2-65 所示。

(5) 在弹出的"工具设置"对话框中，在"星形顶点大小"文本框中输入所要绘制的星形的顶点大小。本例为 0.2，如图 2-66 所示。

(6) 在舞台中，按住并拖动鼠标绘制一个五边星形，如图 2-67 所示。

图 2-65 设置边数

图 2-66 设置星形顶点大小

图 2-67 绘制星形

💡 注意：　矩形工具绘制的图形分为两部分，一部分是图形的轮廓线，另一部分是图形的填充颜色；在使用矩形工具绘制图形时，按住 Shift 键，绘制的是一个正方形；在"工具设置"对话框中，星形顶点的大小只对绘制星形图形起作用，另外，星形顶点越小，则星形的角度越小，反之越大。

2.2.6　文本工具

文本工具主要用于动画中文字的输入与设置。

例 2.5　对文本工具的操作。

(1) 单击工具箱中的"文本工具"，如图 2-68 所示。

(2) 在舞台中单击鼠标，便会在舞台上出现一个右上角为圆形的文本框，如图 2-69 所示。

(3) 在舞台上的文本框中输入文本。本例为"flash"，如图 2-70 所示。

图 2-68　单击文本工具　　　图 2-69　单击鼠标　　　图 2-70　输入文本

或者，在舞台上按住鼠标左键，同时拖动鼠标绘制出一个文本框，如图 2-71 所示。然后在绘制的文本框中输入文本"flash"，如图 2-72 所示。

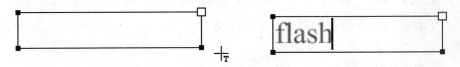

图 2-71　绘制文本框　　　　　　　图 2-72　输入文本

💡 注意：　使用文本工具在舞台中单击后输入文本和绘制文本框后输入文本的操作方法结果有区别。首先单击文本工具输入文本方法的结果是：文本框中的文本不会自动换行，如果要换行，可以按 Enter 键，也可以用鼠标拖动文本框右上角的圆，将圆变为方形即可完成自动换行操作；绘制文本框后输入文本方法的结果是：文本可以自动换行。如果变为单行，则双击右上角的方形，将它变为圆形即可完成单行操作。

2.3　填充图形的工具

Flash 中用于图形填充的工具主要有刷子工具、墨水瓶工具、颜料桶工具、填充转换工具以及滴管工具，下面就分别介绍这 5 种图形填充工具。

2.3.1 刷子工具

刷子工具用于绘制图形或者为图形填充颜色。

例2.6 对刷子工具的操作。

刷子工具的使用方法与铅笔工具的使用方法一样，只不过铅笔工具的颜色通过笔触颜色设置，而刷子工具的颜色通过填充颜色设置。在绘图时，可以选择不同的刷子形状及大小。选择刷子工具后，可以在工具箱的"颜色"栏中为刷子工具填充颜色，在"选项"栏中设置刷子工具的附加选项，包括刷子的形状、大小及模式。

(1) 单击工具箱中的"刷子工具"，将刷子工具选中，如图2-73所示。

(2) 在工具箱中的"选项"栏的刷子大小列表中选择刷子工具的大小，如图2-74所示。

(3) 在工具箱中的"选项"栏的刷子形状列表中选择刷子工具的形状，如图2-75所示。

 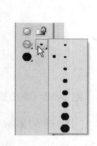 

图2-73 单击"刷子工具"　图2-74 选择刷子大小　图2-75 选择刷子形状

(4) 在工具箱中的"颜色"栏中，单击"填充色"按钮，设置刷子工具的颜色。本例为蓝色，如图2-76所示。

(5) 在舞台中按住鼠标左键拖动鼠标，绘制出图形，如图2-77所示。

用刷子为图形填充颜色的具体操作步骤如下。

(1) 单击工具箱中的"刷子工具"，将刷子工具选中，如图2-78所示。

图2-76 设置刷子颜色　图2-77 绘制图形　图2-78 单击"刷子工具"

(2) 在工具箱中的"颜色"栏中，单击"填充色"按钮，设置刷子工具的颜色。本例为红色，如图2-79所示。

(3) 在工具箱中的"选项"栏中，展开刷子大小下拉列表，选择刷子工具的大小，如图2-80所示。

(4) 在工具箱中的"选项"栏中，展开刷子形状下拉列表，选择刷子工具的形状，如图2-81所示。

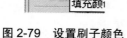

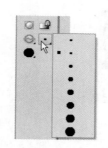

图2-79　设置刷子颜色　　　图2-80　选择刷子大小　　　图2-81　选择刷子形状

(5) 在工具箱中的"选项"栏中，单击"刷子模式"按钮，如图2-82所示。

(6) 在弹出的刷子模式列表中，可以看到有5种刷子模式，如图2-83所示。

(7) 在 5 种刷子模式中选择"标准绘画"模式，该模式可以覆盖同一图层上的线条和填充区域。在舞台中的图形上拖动鼠标，效果如图2-84所示。

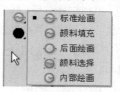

图2-82　单击刷子模式　　　图2-83　刷子模式　　　图2-84　标准绘画

(8) 在 5 种刷子模式中，选择"颜料填充"模式，该模式只覆盖同一图层中的填充区域。在舞台中的图形上拖动鼠标，效果如图2-85所示。

(9) 在 5 种刷子模式中，选择"后面绘画"模式，该模式绘制的图形处于同一图层的最底层，不会覆盖同一图层中的任何部分。在舞台中的图形上拖动鼠标，效果如图 2-86所示。

(10) 在 5 种刷子模式中，选择"颜料选择"模式，该模式只对选中的区域起作用，对选中的线段不起作用。在舞台中的图形上拖动鼠标的效果如图2-87所示。

图2-85　颜料填充　　　图2-86　后面绘画　　　图2-87　颜料选择

(11) 在 5 种刷子模式中，选择"内部绘画"模式，则鼠标在图形的外部起笔。在舞台中的图形外拖动鼠标，绘制的图形被原有图形覆盖，效果如图2-88所示。

(12) 在 5 种刷子模式中，选择"内部绘画"模式，则鼠标在图形的内部起笔。在舞台中的图形上拖动鼠标，原有的区域被覆盖，效果如图2-89所示。

图 2-88　外部起笔　　　　　　　图 2-89　内部起笔

2.3.2　墨水瓶工具

使用墨水瓶工具既可以为矢量线段填充颜色，也可用于为填充色块加上边框，但该工具不能对矢量色块进行填充。

在工具箱中单击 按钮，如果工具栏中没有显示墨水瓶工具，可以用鼠标左键长按颜料桶工具，这时会出现颜料桶工具列表，在其中选择墨水瓶工具即可。

例 2.7　对墨水瓶工具的操作。

使用墨水瓶工具为线段填充颜色，具体操作步骤如下。

(1) 单击工具箱中的"墨水瓶工具"，"将墨水瓶工具"选中，如图 2-90 所示。

(2) 在工具箱中的"颜色"栏中，单击"笔触颜色"按钮，在弹出的颜色列表中选择笔触颜色。本例选中粉红色，如图 2-91 所示。

(3) 在原有图形的边框位置单击鼠标左键，如图 2-92 所示。

图 2-90　选择"墨水瓶工具"　图 2-91　选择笔触颜色　　　图 2-92　单击鼠标

(4) 单击鼠标左键后，原有图形的边框颜色变为粉红色，如图 2-93 所示。

使用墨水瓶工具为填充区域添加边框，具体操作步骤如下。

(1) 单击工具箱中的"墨水瓶工具"，将"墨水瓶工具"选中，如图 2-94 所示。

(2) 在工具箱中的"颜色"栏中，单击"笔触颜色"按钮，在弹出的笔触颜色列表中选择颜色。本例选中粉红色，如图 2-95 所示。

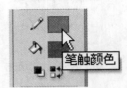

图 2-93　设置边框线颜色　　图 2-94　选择"墨水瓶工具"　　图 2-95　选择笔触颜色

(3) 在舞台中，使用鼠标单击没有边框线的填充区域，如图 2-96 所示。此时，没有边框线的填充区域被添加上了颜色，效果如图 2-97 所示。

图 2-96　单击鼠标 　　　　　图 2-97　添加边框线

2.3.3　颜料桶工具

颜料桶工具主要用于对矢量图的某一区域进行填充。

例 2.8　对颜料桶工具的操作。

(1) 单击工具箱中的"颜料桶工具"，将"颜料桶工具"选中，如图 2-98 所示。

(2) 在工具箱中的"颜色"栏中，单击"填充颜色"按钮，在弹出的颜色列表中选择填充颜色。本例选中黄色，如图 2-99 所示。

(3) 在原有图形的内部位置单击鼠标左键，如图 2-100 所示。

图 2-98　单击"颜料桶工具"　　　　图 2-99　选择笔触颜色

(4) 单击鼠标左键后，原有图形的填充颜色变为黄色，如图 2-101 所示。

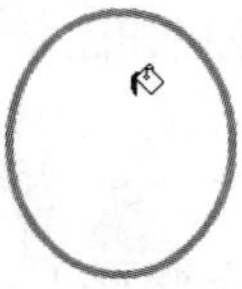

图 2-100　单击鼠标 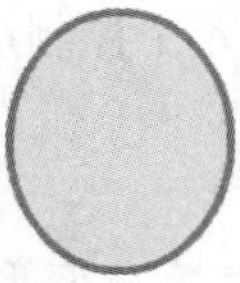　　　　　图 2-101　设置边框线颜色

注意：　在使用颜料桶工具和墨水瓶工具时，两者之间的操作完全不一样，前者和填充区域有关系，后者和线段有关系，在操作上一定要注意这一点。

2.3.4　渐变变形工具

渐变变形工具主要用于对图形进行渐变色和位图的填充，该工具可以调整填充颜色的范围、方向、角度等，以达到特殊的色彩填充效果。

在工具箱中单击 按钮，如果工具栏中没有显示渐变变形工具，可以用鼠标左键长按任意变形工具，这时会出现任意变形工具列表，在其中选择渐变变形工具即可。

例 2.9　对渐变变形工具的操作。

调整放射状填充：

(1) 单击工具箱中的"填充变形工具"，将"填充变形工具"选中，如图 2-102 所示。

(2) 单击舞台中的图形填充区域，这时在椭圆的周围会出现一个渐变圆圈，在圆圈上共有 4 个圆形或方形的控制点，如图 2-103 所示。

（3）将鼠标指针放在渐变圆长宽控制点上，向外拖动鼠标，调整渐变圆的长宽比例，如图 2-104 所示。

  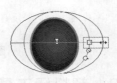

图 2-102　单击"渐变变形工具"　　图 2-103　单击鼠标　图 2-104　调整渐变圆长度控制点

（4）将鼠标指针放在渐变圆大小控制点上，向内拖动鼠标，调整渐变圆的大小，如图 2-105 所示。

（5）将鼠标指针放在渐变圆方向控制点上，拖动鼠标使它旋转，调整渐变圆的倾斜方向，如图 2-106 所示。

（6）将鼠标指针放在渐变圆中心控制点上，向左侧移动鼠标，将填充中心亮点的位置向左侧移动，如图 2-107 所示。

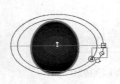 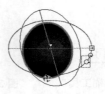

图 2-105　设置渐变圆大小　　图 2-106　调整渐变圆方向　　图 2-107　调整渐变圆亮点

（7）通过控制圆圈上的 4 个控制点，填充圆的填充效果如图 2-108 所示。

调整线性渐变填充：

（1）单击工具箱中的"填充变形工具"，将"填充变形工具"选中，如图 2-109 所示。

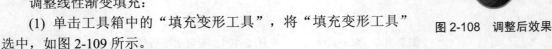

图 2-108　调整后效果

（2）单击舞台中的图形填充区域，此时在椭圆上会出现两条平行线，这两条平行线是渐变线，共有 3 个圆形或方形的控制点，如图 2-110 所示。

（3）将鼠标指针放在渐变线距离控制点上，向外拖动鼠标，调整填充的渐变线的距离，如图 2-111 所示。

图 2-109　单击"渐变变形工具"　　图 2-110　单击鼠标　　图 2-111　调整渐变距离

（4）将鼠标指针放在渐变线方向控制点上，向左拖动鼠标，调整渐变线的倾斜方向，如图 2-112 所示。

（5）将鼠标指针放在渐变线中心控制点上，向上拖动鼠标，调整渐变中心的位置，如

图 2-113 所示。

调整控制线上的 3 个控制点后，填充圆的填充效果如图 2-114 所示。

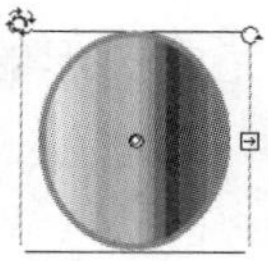

图 2-112 设置渐变方向 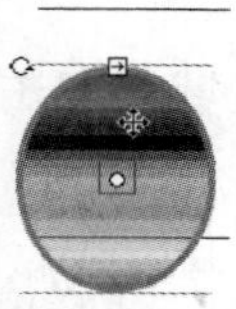　　图 2-113 调整渐变中心的位置 　　图 2-114 调整后效果

2.3.5 滴管工具

使用滴管工具从指定的位置获取色块或线段的颜色。对滴管工具的具体操作步骤如下。

(1) 单击工具箱中的"滴管工具"，将"滴管工具"选中，如图 2-115 所示。

(2) 移动鼠标指针到舞台中的图形边框线上，如图 2-116 所示。

(3) 在图形的边框线上单击，会自动选中"墨水瓶工具"，如图 2-117 所示。

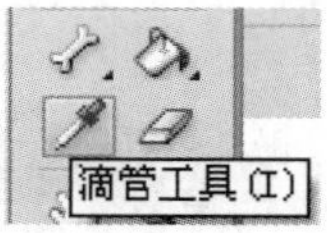

图 2-115 单击"滴管工具" 　图 2-116 单击边框线 　图 2-117 选中"墨水瓶工具"

(4) 同理，将鼠标放在舞台图形的填充区域，单击鼠标左键，如图 2-118 所示，将自动选中"颜料桶工具"，如图 2-119 所示。

图 2-118 单击填充区域 　　图 2-119 选中"颜料桶工具"

2.4　编辑图形的工具

利用工具栏中的工具可对图形进行各种编辑，如利用选取工具、部分选取工具、套索工具可以选择图形，利用任意变形工具可对图形进行缩放、旋转等操作，利用橡皮擦工具可擦除图形。下面就分别介绍这些工具。

2.4.1 选取工具

在工具箱中单击 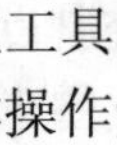 按钮，选取工具可以选取对象、移动对象、改变对象的形状。

例 2.10　对选取工具的操作。

选取对象的具体操作步骤如下。

(1) 单击工具箱中的"选取工具",将"选取工具"选中,如图 2-120 所示。

(2) 在舞台上从图形外的左上角向右下角拖动鼠标,即可将整个图形选中,如图 2-121 所示。

(3) 将鼠标指针放在图形的填充区域,双击鼠标左键,即可完成图形的选取操作,如图 2-122 所示。

图 2-120 单击"选取工具"　　图 2-121 框选对象　　图 2-122 双击选中对象

移动对象的具体操作步骤如下。

(1) 单击工具箱中的"选取工具",将"选取工具"选中,如图 2-123 所示。

(2) 在舞台上从图形外的左上角向右下角拖动鼠标,将整个图形选中,如图 2-124 所示。

(3) 按住鼠标左键将图形向左侧拖动,即可移动图形的位置,如图 2-125 所示。

图 2-123 单击"选取工具"　　图 2-124 选中对象　　图 2-125 移动对象

改变对象形状的具体操作步骤如下。

(1) 单击工具箱中的"选取工具",将"选取工具"选中,如图 2-126 所示。

(2) 将鼠标放置在图形边框处,当鼠标右下角出现弧线时,即可对它进行变形操作,如图 2-127 所示。

(3) 按住鼠标左键向内拖动鼠标,即可改变图形的形状,如图 2-128 所示。

图 2-126 单击"选取工具"　　图 2-127 放置鼠标　　图 2-128 拖动鼠标

2.4.2　部分选取工具

部分选取工具用于编辑对象的形状。

例 2.11　对部分选取工具的操作。

(1) 单击工具箱中的"部分选取工具",将"部分选取工具"选中,如图 2-129 所示。

(2) 使用鼠标单击舞台中的图形,此时,图形四周会出现多个控制点,如图 2-130 所示。

(3) 将鼠标放置在任意一个控制点处,拖动鼠标,便可以更改图形的形状,如图 2-131

所示。

图 2-129　单击"部分选取工具"

图 2-130　选中对象

图 2-131　更改图形的形状

注意：　在调整图形的形状时，如果按住键盘上的 Alt 键，拖动控制线的一端，可以改变控制点一侧曲线的形状。

2.4.3　套索工具

套索工具常用于选取不规则的物体。

例 2.12　对套索工具的操作。

(1) 单击工具箱中的"套索工具"，将"套索工具"选中，如图 2-132 所示。

(2) 在舞台中的图形上拖动鼠标，绘制一个封闭的区域，如图 2-133 所示。然后释放鼠标，便可选中图形的一部分区域，效果如图 2-134 所示。

图 2-132　单击"套索工具"

图 2-133　绘制封闭区域

图 2-134　选中区域

(3) 通过选取工具可以将选中的部分图形拖动出来，如图 2-135 所示。

魔术棒工具的使用方法如下。

(1) 在套索工具对应的"选项"栏中，单击魔术棒设置工具，如图 2-136 所示。

(2) 在弹出的"魔术棒设置"对话框中，设置阈值为 10，单击"确定"按钮完成魔术棒的设置，如图 2-137 所示。

图 2-135　移动区域

图 2-136　单击魔术棒设置工具

图 2-137　设置阈值

注意：　在"魔术棒设置"对话框中可以设置选取图形颜色的范围。其中对话框中的阈值用于设置选取区域内邻近颜色的相近程度，参数值越大选择的颜色越多，参数值越小选择的颜色越少；平滑度用于定义选取范围的平滑程度。

(3) 设置魔术棒后，单击"选项"栏中的"魔术棒"按钮，如图 2-138 所示。

(4) 在舞台中的对象上单击，将附近区域的颜色选中，效果如图 2-139 所示。

多边形模式工具的使用步骤如下。

(1) 在套索工具对应的"选项"栏中，单击多边形模式工具，如图 2-140 所示。

图 2-138　选中魔术棒　　　　图 2-139　选择颜色　　　　图 2-140　单击多边形模式

(2) 在舞台中，移动鼠标并单击确定选择区域的起始点，然后移动鼠标到其他位置单击，确定下一个点的位置，重复此操作，最后在结束位置双击，完成多边形区域的选择，效果如图 2-141 所示。

图 2-141　选中区域

2.4.4　任意变形工具

任意变形工具可以对图形进行缩放、旋转、倾斜、翻转、透视、封套等变形操作，变形的对象既可以是矢量图，也可以是位图、文字。

例 2.13　对任意变形工具的操作。

(1) 单击工具箱中的"任意变形工具"，将"任意变形工具"选中，如图 2-142 所示。

(2) 单击舞台上的图形，此时，图形四周会出现 8 个控制点，如图 2-143 所示。

(3) 将鼠标指针放在左右两侧的控制点上，左右拖动，可以进行水平缩放，如图 2-144 所示。

图 2-142　单击"任意变形工具"　　　图 2-143　单击图形　　　图 2-144　水平缩放

(4) 将鼠标指针放在上下两边的控制点上，上下拖动，可以进行垂直缩放，如图 2-145 所示。

(5) 将鼠标指针放在 4 个角上的控制点上，拖动鼠标可以实现图形任意比例的缩放，效果如图 2-146 所示。

(6) 将鼠标指针放在水平边框上，当鼠标指针变成两个单向箭头后，左右拖动可以实现水平方向上的变形，如图 2-147 所示。

图 2-145　垂直缩放　　　　图 2-146　任意缩放　　　　图 2-147　水平变形

(7) 将鼠标指针放在垂直边框上，当鼠标指针变成两个单向箭头后，上下拖动可以实现垂直方向上的变形，效果如图 2-148 所示。

(8) 在任意变形工具的对应"选项"栏中，单击"扭曲"按钮，如图 2-149 所示。

(9) 单击舞台中的对象，并通过拖动左右两侧的控制点，实现垂直方向上的变形，效果如图 2-150 所示。

图 2-148　垂直变形　　　　图 2-149　单击"扭曲"按钮　　图 2-150　向上拖动控制点

(10) 单击舞台中的对象，并通过拖动 4 个角上的控制点，实现图形形状上的变形，如图 2-151 所示。

(11) 在任意变形工具的对应"选项"栏中，单击"封套"按钮，如图 2-152 所示。

图 2-151　拖动角部控制点　　　　图 2-152　单击"封套"按钮

(12) 单击舞台中的图形，此时，图形四周会出现 24 个控制点，效果如图 2-153 所示。

(13) 拖动任意一个控制点，都会使图形的形状发生变化，如图 2-154 所示。

图 2-153　单击图形　　　　图 2-154　拖动控制柄

2.4.5　橡皮擦工具

橡皮擦工具可以擦除整个图形或者图形的一部分。它只能应用于打散了的图形　按钮。

例 2.14　对橡皮擦工具的操作。

(1) 单击工具箱中的"橡皮擦工具"，将"橡皮擦工具"选中，如图 2-155 所示。

(2) 在对应橡皮擦工具下的"选项"栏中的橡皮擦形状列表中选择橡皮擦的形状，如图 2-156 所示。

图 2-155　单击"橡皮擦工具"　　　图 2-156　选择橡皮擦

(3) 在对应橡皮擦工具下的"选项"栏中，单击"橡皮擦模式"按钮，如图 2-157 所示。在弹出的橡皮擦模式列表中，有 5 种橡皮擦的模式，如图 2-158 所示。

图 2-157 "橡皮擦模式"按钮   图 2-158 5 种橡皮擦的模式

(4) 在橡皮擦模式列表中，单击"标准擦除"模式，然后在舞台中的图形上拖动鼠标，擦除效果如图 2-159 所示。

(5) 在橡皮擦模式列表中，单击"擦除填色"模式，然后在舞台中的图形上拖动鼠标，擦除效果如图 2-160 所示。

(6) 在橡皮擦模式列表中，单击"擦除线条"模式，然后在舞台中的图形上拖动鼠标，擦除效果如图 2-161 所示。

图 2-159 标准擦除   图 2-160 擦除填色   图 2-161 擦除线条

(7) 在橡皮擦模式列表中，单击"擦除所选填充"模式，然后在舞台中的图形上拖动鼠标，擦除效果如图 2-162 所示。

(8) 在橡皮擦模式列表中，单击"内部擦除"模式，然后在舞台中的图形上拖动鼠标，擦除效果如图 2-163 所示。

图 2-162 擦除所选填充   图 2-163 内部擦除

2.5 本章实例——绘制雨伞

1．主要目的

为了进一步巩固对前面所学各种工具的使用方法，下面来实践一个综合应用多个工具绘制图形的例子——绘制雨伞。

2．上机准备

(1) 熟练掌握工具箱中的三大类工具。

(2) 掌握复制与粘贴操作。

(3) 掌握"修改"｜"变形"中的操作。

3. 操作步骤

最终效果如图 2-164 所示。绘制雨伞的具体操作步骤如下。

(1) 设置文档背景为蓝色。

(2) 绘制一个圆，直径大小为 150，相对舞台居中。

(3) 在圆面积的旁边绘制一条垂线，然后相对于舞台居中，如图 2-165 所示。

(4) 将图形的多余部分删除，如图 2-166 所示。

(5) 用选取工具将垂线向右拖动变成弧形，如图 2-167 所示。

(6) 选中弧形，按 Ctrl+G 键将其组合，然后复制这个弧形组合。

(7) 双击组合可以选择其中的图形，再次向右拖动变成弧形，如图 2-168 所示。

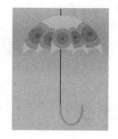

图 2-164　最终效果图

图 2-165　绘制垂线并居中

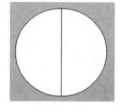

图 2-166　删除多余部分

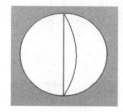

图 2-167　将直线变形

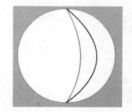

图 2-168　再次变形

(8) 返回场景中，选中两个组合，选择"窗口"｜"设计面板"｜"变形"，将变形面板拖出，在旋转文本框中输入 180，然后单击"复制"按钮复制出另外两条弧线，如图 2-169 所示。

(9) 选择复制的弧线，按方向键使其向左移动，如图 2-170 所示。

(10) 选择所有图形，取消所有图形的组合。

(11) 在图形上绘制一条直线，如图 2-171 所示。

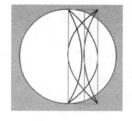

图 2-169　复制

图 2-170　调整位置

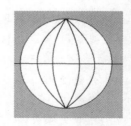

图 2-171　绘制水平直线

(12) 分别选择图形中不需要的部分并删除，如图 2-172 所示。

(13) 拖动线段，使其变成弧线，如图 2-173 所示。

(14) 找出混色器面板，选择放射填充模式，左侧色块为紫色，右侧色块为橘黄色。

(15) 用油漆桶工具填充伞面，如图 2-174 所示。

图 2-172　删除多余线条　　　图 2-173　变弧线　　　图 2-174　上色

(16) 将图中的所有线条删除。选中所有图形，将其组合成一个整体。使用直线工具，绘制一条直线，然后再绘制一个椭圆。删除图形中多余的部分。

(17) 选择图形中下面的一小部分，将线条色设置为橘红色，粗细设置为 4。选择所有图形，然后将其组合，如图 2-175 所示。

图 2-175　最终效果

2.6　课后练习

1. 选择题

(1) 刷子工具模式除了标准绘画、颜料填充、后面绘画、内部绘画外，还有(　　)。

　　A. 外部绘画　　　B. 颜料选择　　　C. 选择绘画　　　D. 线条绘画

(2) 在 Flash 中，绘制两条相交的直线后，会出现有(　　)条直线。

　　A. 1 条　　　　　B. 2 条　　　　　C. 3 条　　　　　D. 4 条

(3) 选取工具除了有选取、移动功能外，还有(　　)功能。

　　A. 删除　　　　　B. 复制　　　　　C. 变形　　　　　D. 旋转

(4) 多边形模式属于(　　)。

　　A. 任意变形工具　　　　　　　　B. 填充变形工具

　　C. 套索工具　　　　　　　　　　D. 部分选取工具

(5) 在 Flash 文档中输入文本只能使用(　　)。

　　A. 矩形工具　　　B. 椭圆工具　　　C. 文本工具　　　D. 铅笔工具

2. 填空题

(1) 需要绘制正方形和圆形时，应该在绘制的同时按下(　　　　)键。

(2) 铅笔工具有(　　　　)、(　　　　)、(　　　　)3 种模式。

(3) 矩形工具包含(　　　　)和(　　　　)两个工具。

(4) 在 Flash 中使用的图形包括(　　　　)和(　　　　)。

(5) 颜料桶工具有(　　　　)、(　　　　)、(　　　　)、(　　　　)4 种模式。

3. 上机操作题

(1) 运用工具箱中的工具绘制一只瓢虫，设计效果如图 2-176 所示。

(2) 运用工具箱中的工具绘制一个高脚杯，设计效果如图 2-177 所示。

(3) 运用工具箱中的工具绘制一个人物笑脸，设计效果如图 2-178 所示。

图 2-176　瓢虫

图 2-177　高脚杯

图 2-178　笑脸

第3章 常用控制面板简介

Flash CS6 对控制面板的设置进行了优化,把各个面板都集中放置到了工作区域的右侧,用户可以随意将这些面板放置到任何位置,可以将面板展开或折叠。只需双击面板中的每一栏(就是有标题那一栏)就可将面板折叠;单击面板中的每一栏(就是有标题那一栏)可将面板展开。如果在工作区域的右侧没有自己需要的面板,可以从"窗口"菜单下找到相应的命令。

Flash CS6 中的面板很多,这里主要介绍一些常用的控制面板,如信息面板、变形面板、混色器面板、对齐面板。

3.1 信 息 面 板

信息面板用于显示所选对象的各种信息,包括所选对象的宽高值、所选对象的当前位置、鼠标经过时的颜色值、鼠标经过时的坐标值,同时,用户可以在这里重新设置对象的长宽值与当前位置的坐标值。

例 3.1 设置对象的宽高值与当前位置。

设置对象的宽和高分别为 200,具体操作步骤如下。

(1) 使用工具箱中的"选取工具",将舞台中的对象全部选中(包括边框线)。如图 3-1 所示。

(2) 选择"窗口"|"信息"菜单命令,如图 3-2 所示。

图 3-1 选中对象

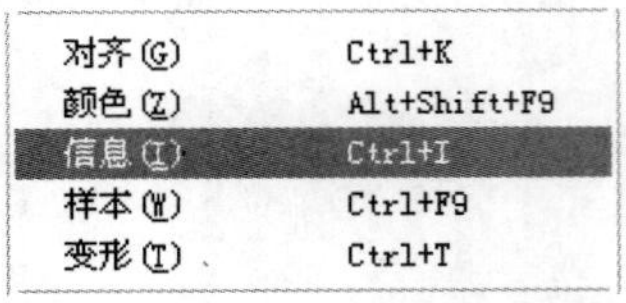

图 3-2 选择"信息"菜单命令

(3) 在工作区的右侧便出现了"信息"面板,如图 3-3 所示。

(4) 在"信息"面板中,设置对象的宽为 200,然后按 Enter 键,如图 3-4 所示。

图 3-3 打开"信息"面板

图 3-4 设置对象的宽

(5) 舞台中对象的宽度设置完成后，它的形状发生变化，效果如图 3-5 所示。

(6) 同理，在"信息"面板中，设置对象的高为 200，然后按 Enter 键，如图 3-6 所示。

(7) 舞台中对象的高度设置完成后，它的形状再次发生变化，效果如图 3-7 所示。

图 3-5　设置对象的宽后的效果　　图 3-6　设置对象的高　　图 3-7　设置对象高后的效果

注意：　使用"信息"面板只能单独设置对象的宽与高，但不能保持纵横比设置对象宽高值，而使用属性面板即可以单独设置对象的宽高值，又可以保持纵横比设置对象的宽高值。

设置舞台中对象的位置，具体操作步骤如下。

(1) 使用工具箱中的"选取工具"，将舞台中的对象全部选中(包括边框线)，如图 3-8 所示。

(2) 在"信息"面板中，设置对象的中心点与舞台的原点对齐。在"信息"面板中输入 X 轴和 Y 轴的坐标值为 0，然后按 Enter 键，如图 3-9 所示。

(3) 设置好舞台中对象的位置后，效果如图 3-10 所示。

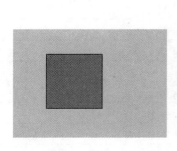

图 3-8　选中对象　　图 3-9　设置对象的位置　　图 3-10　设置对象位置后的效果

注意：　在"信息"面板中，有"元件位置"选项，此选项指定对象的中心点位置。默认情况下，元件的中心点在左上角，即"元件位置"选项中，黑色控制点在左上角处。通过鼠标单击"元件位置"选项中的左上角和中心位置可以调整对象中心点的位置。

(4) 如果鼠标单击"元件位置"选项中的中心点位置，将对象的中心点设置在中央位置。此时，在"信息"面板中设置 X 轴、Y 轴的坐标值为 0，效果如图 3-11 所示。

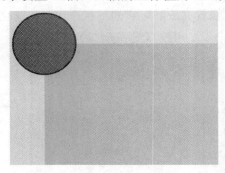

图 3-11　对齐原点后效果

💡 **注意：**　舞台的原点位置在舞台的左上角，所以当对象的中心点与舞台的原点对齐时，对象要与舞台的左上角对齐。

另外，在"信息"面板中还包括鼠标所经过处的坐标值，以及鼠标经过舞台上的对象时，对象的颜色值。

3.2　对齐面板

对齐面板可以对多个对象进行对齐、分布与匹配大小的操作。对齐面板中各个按钮的功能如下表 3-1 所示。

表 3-1　各"对齐"按钮的功能表

按钮名称	按钮图标	按钮功能
左对齐	吕	以所选对象中最左侧的对象为基准对齐
水平中齐	呂	以所选对象集合的垂直中线为基准
右对齐	呈	以所选对象中最右侧的对象为基准对齐
上对齐	帀	以所选对象中最上方的对象为基准对齐
垂直中齐	ΦΦ	以所选对象集合的水平中线为基准
底对齐	呈	以所选对象中最下方的对象为基准对齐
顶部分布	呂	将选中的对象以顶部分布为基准等间分布
垂直居中分布	呂	将选中的对象以垂直居中分布为基准等间分布
底部分布	呂	将选中的对象以底部分布为基准等间分布
左侧分布	帅	将选中的对象以左侧分布为基准等间分布
水平居中分布	ΦΦ	将选中的对象以水平居中分布为基准等间分布
右侧分布	ΦΦ	将选中的对象以右侧分部为基准等间分布
匹配宽度	吕	以所选对象中最宽的对象为基准，调整其他对象的宽度
匹配高度	口亡	以所选对象中最高的对象为基准，调整其他对象的高度

续表

按钮名称	按钮图标	按钮功能
匹配宽和高		以所选对象中最高与最宽的对象为基准，调整其他对象的宽度与高度
垂直平均间隔		使选中对象的垂直间隔相等
水平平均间隔		使选中对象的水平间隔相等
与舞台对齐		使对象的对齐、分布、匹配大小、间隔等操作以舞台为基准

例 3.2　使用对齐面板。

(1) 选中舞台中需要设置对齐方式的对象，如图 3-12 所示。

(2) 选择"窗口"|"对齐"菜单命令，如图 3-13 所示。

(3) 此时，在工作区的右侧便出现了"对齐"面板，如图 3-14 所示。

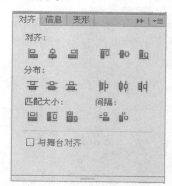

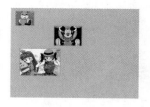

对齐(G)	Ctrl+K
颜色(Z)	Alt+Shift+F9
信息(I)	Ctrl+I
样本(W)	Ctrl+F9
变形(T)	Ctrl+T

图 3-12　选中对象　　　　图 3-13　选择"对齐"菜单命令　　　图 3-14　打开"对齐"面板

(4) 在"对齐"面板中，单击"对齐"组下的各对齐按钮，效果如图 3-15～图 3-20 所示。

图 3-15　左对齐效果　　　图 3-16　水平中齐效果　　　图 3-17　右对齐效果

图 3-18　上对齐效果　　　图 3-19　垂直中齐效果　　　图 3-20　底对齐效果

（5）在"对齐"面板中，单击"分布"组下的各分布对齐按钮，效果如图 3-21～图 3-26 所示。效果图中包含辅助线，帮助大家更好的理解分布各按钮含意。

图 3-21　顶部分布效果　　　图 3-22　垂直居中分布效果　　　图 3-23　底部分布效果

图 3-24　左侧分布效果　　　图 3-25　水平居中分布效果　　　图 3-26　右侧分布效果

（6）在"对齐"面板中，单击"匹配大小"组下的各匹配对齐按钮，效果如图 3-27～图 3-29 所示。效果图中包含辅助线，帮助大家更好的理解分布各按钮含意。

图 3-27 匹配宽度效果

图 3-28 匹配高度

图 3-29 匹配宽和高效果

(7) 在"对齐"面板中,单击"间隔"组下的各间隔对齐按钮,效果如图 3-30～图 3-31 所示。

图 3-30 垂直平均间隔效果

图 3-31 水平平均间隔效果

(8) 在"对齐"面板中,选中需要设置对齐方式的对象,单击"与舞台对齐"按钮,然后单击"水平平均间隔"按钮,此时舞台中对象的间隔效果如图 3-32 所示。

图 3-32 以舞台为基准的水平平均间隔效果

3.3 变形面板

变形面板可以对选择的对象进行缩放、旋转、倾斜等操作，获得变形效果，而且可以在变形的同时进行复制操作。

例 3.3 制作五角星与砖头的操作，制作五角星的具体操作步骤如下。

(1) 单击工具箱中的"线条工具"，将它选中，如图 3-33 所示。

(2) 在舞台上，按住 Shift 键，同时按住鼠标左键拖动鼠标绘制出一条垂直的线段，如图 3-34 所示。

(3) 选择"窗口"|"变形"菜单命令，如图 3-35 所示。

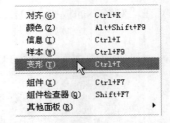

对齐 (G)	Ctrl+K
颜色 (Z)	Alt+Shift+F9
信息 (I)	Ctrl+I
样本 (W)	Ctrl+F9
变形 (T)	Ctrl+T
组件 (X)	Ctrl+F7
组件检查器 (Q)	Shift+F7
其他面板 (R)	▶

图 3-33 单击"线条工具"   图 3-34 绘制垂线   图 3-35 选择"变形"菜单命令

(4) 打开"变形"面板，如图 3-36 所示。

(5) 在工具箱中选择"选择工具"，如图 3-37 所示。

(6) 使用"选择工具"，在舞台中单击绘制的垂线，将它选中，如图 3-38 所示。

图 3-36 打开"变形"面板   图 3-37 选择"选择工具"   图 3-38 选中舞台中的垂线

(7) 在"变形"面板中的"旋转"单选按钮后的文本框中输入旋转角度为 72，如图 3-39 所示。

(8) 在"变形"面板中，单击"复制选区和变形"按钮，如图 3-40 所示。

图 3-39　设置旋转角度　　　　　图 3-40　单击"复制选区和变形"按钮

(9) 再连续单击"复制选区和变形"按钮 3 次，此时，舞台中的对象如图 3-41 所示。

(10) 单击工具箱中的"线条工具"，将它选中，如图 3-42 所示。

(11) 使用"线条工具"，绘制连接两条线段端点的直线，如图 3-43 所示。

(12) 同理，继续绘制其他直线，连接其他线段端点，如图 3-44 所示。

图 3-41　复制并应用变形后效果　　图 3-42　选择"线条工具"　　图 3-43　连接两条线段端点

(13) 选择工具箱中的"选择工具"，如图 3-45 所示。

(14) 将舞台中多余的线段选中，然后删除，如图 3-46 所示。

图 3-44　绘制其他线段　　　图 3-45　选择"选择工具"　　　图 3-46　删除多余线段后效果

制作砖头的操作步骤如下。

(1) 单击工具箱中的"矩形工具"，将它选中，如图 3-47 所示。

(2) 在舞台上，绘制一个矩形，如图 3-48 所示。

(3) 使用"选择工具"将矩形全部选中，如图 3-49 所示。

图 3-47　选择"矩形工具"　　　图 3-48　绘制矩形　　　图 3-49　选中舞台中的矩形

(4) 选择"修改"|"组合"菜单命令，将选中的矩形组合成群组对象，如图 3-50 所示。

(5) 使用组合键 Ctrl+D 复制一个矩形群组对象，并将它移动到原来矩形群组的上侧，如图 3-51 所示。

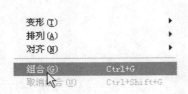

图 3-50　选择"组合"菜单命令　　　　图 3-51　复制并调整群组对象

(6) 在"变形"面板中，选中"倾斜"单选按钮，在水平倾斜文本框中输入-30，然后按 Enter 键，如图 3-52 所示。

(7) 将变形后的矩形群组对象调整到合适位置，如图 3-53 所示。

图 3-52　设置倾斜角度　　　　　　　图 3-53　调整位置

(8) 使用"选择工具"选中下侧矩形群组对象，使用组合键 Ctrl+D 复制一个群组对象，并调整到合适位置，如图 3-54 所示。

(9) 在"变形"面板中，选中"倾斜"单选按钮，设置垂直倾斜角度为-120，如图 3-55 所示。

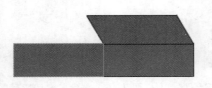

图 3-54　复制群组对象　　　　　　　图 3-55　设置垂直倾斜角度

(10) 将变形后的矩形群组对象调整到合适位置，如图 3-56 所示。

(11) 在"变形"面板中，只将宽度缩放到38%，如图 3-57 所示。

图 3-56　调整位置　　　　　　　图 3-57　将对象的宽度缩放到 38%

(12) 将变形后的矩形群组对象调整到合适位置，即可完成砖头图形的制作过程，如图 3-58 所示。

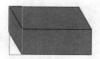

图 3-58　调整变形矩形群组的位置

注意： 如果在对舞台中的对象进行变形的过程中出现错误，可以使用“变形”面板中的“重置”按钮返回对象的最初状态。

3.4　颜 色 面 板

设置图形的笔触颜色和填充颜色可以通过颜色面板设置，并且结合工具箱中的填充变形工具可以调整图形的渐变色。

例 3.4　为椭圆设置不同类型的笔触颜色和填充颜色。

设置线性类型的笔触颜色，具体操作步骤如下。

(1) 选择“窗口”|“颜色”菜单命令，如图 3-59 所示。

(2) 打开“颜色”面板，如图 3-60 所示。

(3) 使用“选择工具”将舞台中的椭圆选中，如图 3-61 所示。

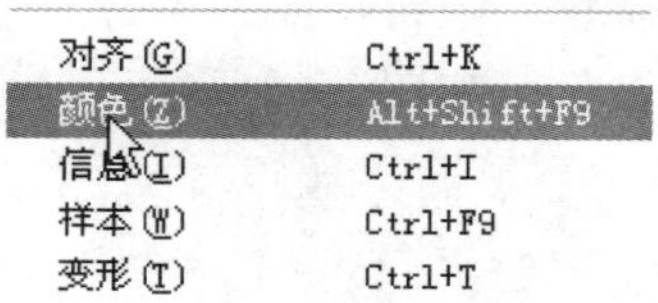

对齐(G)　Ctrl+K
颜色(Z)　Alt+Shift+F9
信息(I)　Ctrl+I
样本(W)　Ctrl+F9
变形(T)　Ctrl+T

图 3-59　选择“颜色”菜单命令

颜色
样本
纯色
H: 60 °
S: 100 %
B: 100 %
R: 255
G: 255
B: 0
FFFF00
A: 100 %

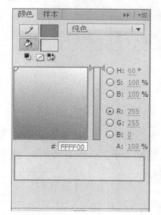

图 3-60　打开“颜色”面板

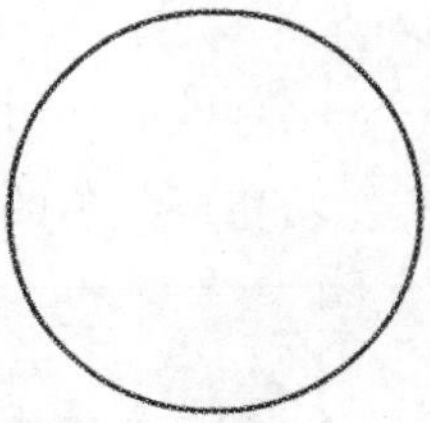

图 3-61　选中对象

(4) 在“颜色”面板中，单击“笔触颜色”按钮，如图 3-62 所示。

颜色
样本
纯色
笔触颜色

图 3-62　单击“笔触颜色”按钮

(5) 在“颜色”面板中的笔触颜色类型后的下拉列表框中选择“线性渐变”。此时，在“颜色”面板中便出现了颜色控制区域，如图 3-63 所示。

(6) 此时，笔触颜色为颜色调节杆之间的颜色，双击相应的调节杆，在弹出的颜色列表中选择“红色”，如图 3-64 所示。

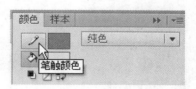

图 3-63 选择笔触类型

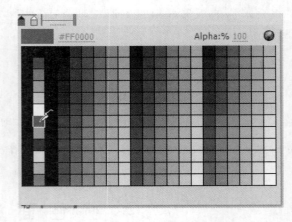

图 3-64 选择红色

(7) 同理，双击颜色渐变条右侧的颜色调节杆，从弹出的颜色列表框中选择"黄色"，如图 3-65 所示。

(8) 此时，舞台中的椭圆边框颜色效果如图 3-66 所示。

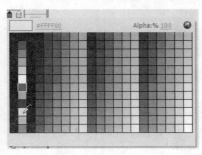

图 3-65 选择黄色

图 3-66 效果

设置线性填充颜色，具体操作步骤如下。

(1) 选中舞台中的对象，在"颜色"面板中单击"填充颜色"按钮，如图 3-67 所示。

(2) 在填充颜色后的颜色类型下拉列表中选择"线性渐变"，如图 3-68 所示。

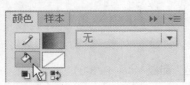

图 3-67 单击"填充颜色"按钮

图 3-68 选择"线性渐变"类型

(3) 通过双击颜色渐变条上的相应颜色调节杆，设置不同的颜色，如图 3-69 所示。

(4) 使用工具箱中的"颜料桶工具"为舞台中的对象填充已经设置好的颜色，效果如图 3-70 所示。

图 3-69 设置不同颜色　　　　　　　　　　图 3-70 填充设置好的颜色

设置径向填充颜色，具体操作步骤如下。

(1) 选中舞台中的对象，在"颜色"面板中单击"填充颜色"按钮，如图 3-71 所示。

(2) 在填充颜色后的颜色类型下拉列表中选择"径向渐变"，如图 3-72 所示。

图 3-71 单击"填充颜色"按钮　　　　　图 3-72 选择"径向渐变"类型

(3) 此时，舞台中的选中对象的颜色为所设置的径向渐变颜色，效果如图 3-73 所示。

设置填充位图的效果，具体操作步骤如下。

(1) 使用工具箱中的"选择工具"将舞台中的对象选中，如图 3-74 所示。

图 3-73 设置径向渐变颜色后效果　　　　图 3-74 选中填充色块

(2) 在"颜色"面板中，选择填充颜色的类型为"位图填充"，如图 3-75 所示。

图 3-75 选择"位图填充"类型

(3) 此时，弹出一个"导入到库"对话框，如图 3-76 所示。

(4) 在"导入到库"对话框中，在"查找范围"下拉列表框中找到要导入到库中的图片的路径，然后，单击对话框中"查找范围"下拉列表框后的"查看"菜单，从中选择"缩略图"选项，使窗口中的图片以缩略图显示，如图 3-77 所示。

图 3-76 "导入到库"对话框　　　　图 3-77 选择"缩略图"选项

(5) 从窗口中选择图片，最后单击"打开"按钮，即可完成图片的导入操作，如图 3-78 所示。

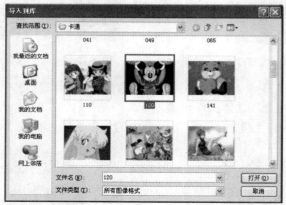

图 3-78 选中图片

(6) 将图片打开后，会自动填充到舞台的对象中，如图 3-79 所示。

(7) 通过工具箱中的"填充变形工具"将圆中的图片进行缩放以及调整位置，如图 3-80 所示。

图 3-79 填充位图　　　　图 3-80 调整位图

💡 **注意：** 在为对象填充渐变颜色和位图时，可以通过"填充变形"工具，来调整它们的中心点位置及缩放比例。

3.5　本章实例——绘制表盘

1．主要目的

熟悉工具箱中工具与常用控制面板的组合使用。

2．上机准备

(1) 熟练掌握工具箱中各工具的使用方法。
(2) 掌握常用控制面板的使用方法。
(3) 掌握属性面板的使用方法。

3．操作步骤

最终的效果图，如图 3-81 所示。

具体操作步骤如下。

(1) 选择工具箱中的"线条工具"，在属性面板中设置线条的笔触高度为 2，如图 3-82 所示。

图 3-81　效果图

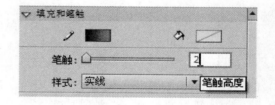

图 3-82　设置笔触高度

(2) 设置好笔触高度后，在舞台上绘制一条垂线，如图 3-83 所示。

(3) 选中舞台中的垂线，打开"信息"面板，在"信息"面板中设置它的"高"为 260，然后按 Enter 键，如图 3-84 所示。

(4) 打开"变形"面板，在"旋转"选项中设置旋转角度为 30，如图 3-85 所示。

图 3-83　绘制直线　　图 3-84　设置线高　　图 3-85　设置旋转角度

(5) 然后单击"变形"面板中的"复制选区和变形"按钮 5 次，如图 3-86 所示。

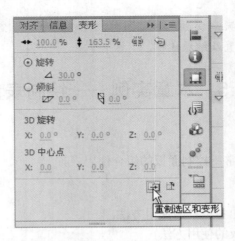

图 3-86　单击"复制选区和变形"按钮

(6) 此时，舞台中的对象被复制了 5 次，效果如图 3-87 所示。

(7) 将舞台中的六条线全部选中，然后使用"修改"|"组合"菜单命令，将所选对象组合成群组对象，如图 3-88 所示。

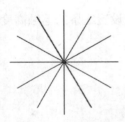

图 3-87　复制后效果

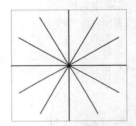

图 3-88　组合对象

(8) 使用组合键 Ctrl+D 将群组对象复制一份，效果如图 3-89 所示。

(9) 双击刚才复制的对象，进入到群组对象的内部，如图 3-90 所示。

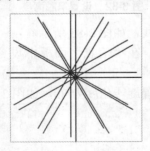

图 3-89　复制群组

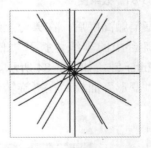

图 3-90　进入群组内部

(10) 打开"变形"面板，在"变形"面板的旋转选项中设置旋转角度为 6，效果如图 3-91 所示。

(11) 然后，连续 5 次单击"变形"面板中的"复制并应用"按钮，将它复制出 5 份，效果如图 3-92 所示。

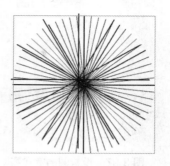

图 3-91　设置旋转角度　　　　图 3-92　复制并应用后的效果

(12) 复制操作完成后，将舞台中的所有群组对象选中，效果如图 3-93 所示。

(13) 通过选择"窗口"|"对齐"菜单命令，将"对齐"面板打开，如图 3-94 所示。

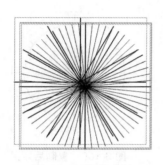

图 3-93　选中对象　　　　　　图 3-94　打开"对齐"面板

(14) 在"对齐"面板中，设置所选对象垂直、水平中齐，效果如图 3-95 所示。

(15) 使用工具箱中的"椭圆工具"，绘制一个笔触颜色为黑色，无填充的一个正圆，如图 3-96 所示。

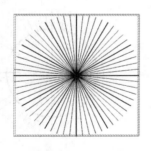

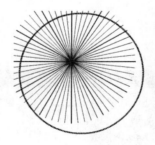

图 3-95　对齐对象　　　　　　图 3-96　绘制圆形

(16) 选中绘制的圆形，在"信息"面板中设置它的宽、高分别为 260，然后按下 Enter 键，确认宽和高的设置，如图 3-97 所示。

(17) 通过工具箱中的"选择工具"，将舞台中的全部对象选中，在"对齐"面板中设置选中对象垂直、水平中齐，效果如图 3-98 所示。

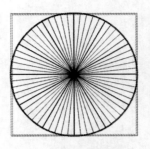

图 3-97　设置圆的宽和高　　　　　　　图 3-98　对齐对象

(18) 单独选中绘制的圆形，在"变形"面板中选中"约束"选项，并将圆形缩放到原来的 80%，如图 3-99 所示。

(19) 单击"变形"面板中的"复制选区和变形"按钮，将圆形变形后再复制，效果如图 3-100 所示。

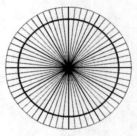

图 3-99　设置缩放比例　　　　　　　图 3-100　复制后效果

(20) 继续在"变形"面板中选中"约束"选项，并将圆形缩放到原来的 70%，如图 3-101 所示。

(21) 单击"变形"面板中的"复制选区和变形"按钮，将圆形变形后再复制，效果如图 3-102 所示。

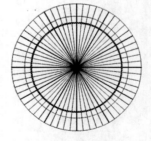

图 3-101　设置缩放比例　　　　　　　图 3-102　复制后效果

(22) 通过工具箱中的"选择工具"，将多余的线段选中，按下 Enter 键，将其删除，效果如图 3-103 所示。

(23) 按住 Shift 键的同时，使用"选择工具"，将舞台中的圆形和表示小时的刻度全部选中，然后在"属性"面板中设置线的高度为 3，如图 3-104 所示。

图 3-103　删除多余线段

图 3-104　设置笔触高度

(24) 打开"颜色"面板，选择"填充颜色"按钮，在类型中选择"位图"，如图 3-105 所示。

(25) 在打开的"导入到库"对话框中选择要导入的图片。通过工具箱中的"颜料桶工具"给圆形填充位图，使用"填充变形工具"，调整位图的大小及位置，效果如图 3-106 所示。

图 3-105　设置填充类型为"位图填充"

图 3-106　调整填充位图的效果

(26) 使用工具箱中的"文本工具"，输入数字 1，然后调整到表盘的合适位置，如图 3-107 所示。

(27) 同理，将其他数字也安排到表盘的合适位置。至此，漂亮的表盘制作完成，如图 3-108 所示。

图 3-107　输入刻度值

图 3-108　设置所有刻度值

3.6 课后练习

1. 选择题

(1) 打开"信息"面板的快捷键是(   )。
A. Ctrl+K   B. Ctrl+I   C. Ctrl+T   D. Ctrl+F7

(2) 可以将对象精确变形的操作是在(   )中完成的。
A. 任意变形工具   B. 修改菜单
C. 变形面板   D. 信息面板

(3) 在混色器中，可以选择的类型有(   )种。
A. 5   B. 4   C. 3   D. 2

(4) 使用"对齐"面板可以实现(   )对齐方式。
A. 6种   B. 5种   C. 4种   D. 3种

(5) Flash CS6 中的活动面板在(   )菜单中可以显示或隐藏。
A. 文件   B. 插入   C. 编辑   D. 窗口

2. 填空题

(1) 设置对象大小可以通过(   )和(   )完成。

(2) 变形对象可以通过(   )和(   )完成。

(3) 变形面板可以实现一种特殊的操作，即(   )。

(4) 打开对齐面板的快捷键为(   )。

(5) 在混色器面板中，可以更改(   )和(   )。

3. 上机操作题

(1) 运用混色器面板制作多个彩灯，设计效果如图 3-109 所示。

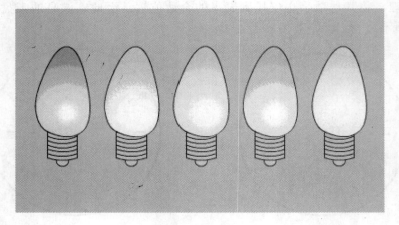

图 3-109　彩灯

(2) 运用变形面板制作一道彩虹，设计效果如图 3-110 所示。

(3) 运用变形面板、信息面板等制作齿轮，设计效果如图 3-111 所示。

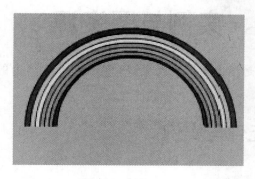

图 3-110　彩虹

图 3-111　齿轮

第 4 章 元件、实例与图资源

元件是 Flash 中模块级单元，而实例是指位于舞台上或嵌套在另一个元件内的原件副本。

4.1 元件与实例

4.1.1 元件介绍

元件是指在 Flash 中创建的图形、按钮或影片剪辑，它可以在动画中重复使用。元件可以是 Flash 自己创建的矢量图形，也可以是从外部导入的 JPG、GIF、BMP 等多种 Flash 支持的图形格式。创建的任何元件都会成为当前文档中图库的一部分。可以简单地说，这些都是用户做好的成品或半成品放在库中存放起来以便能够重复使用。

4.1.2 实例介绍

实例就是拖放到舞台上的一个元件的复制品，它内部具有和元件一样的内容。但是，作为一个整体的实例又具有许多独立的属性，这些属性可以在属性面板及变形面板中修改。这些独立的属性修改后不会影响到所属元件及其他同类实例，而如果进入实例内部进行编辑，这里所做的修改则会同步影响到所属元件及其他实例。

实例在动画中可以重复使用。直接从"库"面板中拖曳到舞台上。

💡 注意： Flash 中重复使用元件不会增加文件的尺寸，所以在制作动画时，应尽可能重复使用 Flash 中的各种元件，这样可以大大减小文件的尺寸。

4.2 有关元件的操作

创建元件有两种方法：一种是将现有的对象转化为元件的形式；另一种是创建一个新的元件，然后再在元件中创建内容。下面分别介绍这两种方法。

4.2.1 创建新元件

先创建空白的元件，然后在元件编辑区内编辑元件内容，可以通过以下方式创建新元件。

- 通过"插入"|"新建元件"菜单命令来创建新元件。
- 使用组合键 Ctrl+F8。
- 使用图库面板创建新元件。

例 4.1 创建地球元件。

(1) 选择"插入"|"新建元件"菜单命令，创建一个新元件，如图 4-1 所示。

（2）在弹出的"创建新元件"对话框中，给元件命名为"地球"，类型选择"影片剪辑"，然后单击"确定"按钮，如图 4-2 所示。

图 4-1　选择"新建元件"菜单命令　　　　图 4-2　"创建新元件"对话框

（3）进入到"地球"影片剪辑的编辑区，如图 4-3 所示。

（4）使用工具箱中的"椭圆工具"，在影片剪辑的编辑区内绘制一个没有边框线，填充色为蓝色的圆，如图 4-4 所示。

图 4-3　"地球"影片剪辑编辑区　　　　图 4-4　绘制圆

（5）将编辑区中的圆选中，打开"对齐"面板，使选中对象相对于舞台垂直、水平对齐，如图 4-5 所示。

（6）鼠标右键单击第 2 帧，在弹出的快捷菜单中选择"插入关键帧"命令，如图 4-6 所示。

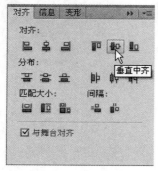

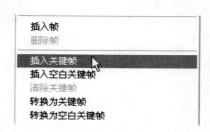

图 4-5　设置对齐方式　　　　图 4-6　选择"插入关键帧"命令

(7) 同理，在第 3 帧、第 4 帧、第 5 帧处也插入关键帧。如图 4-7 所示。

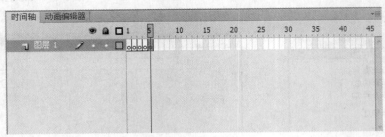

图 4-7　插入关键帧后效果

(8) 选择工具箱中的"刷子工具"，同时，在工具箱的"颜色"区域为"刷子工具"
选择"FFCF00"颜色，如图 4-8 所示。

(9) 在工具箱的"选项"区域，单击"刷子模式"按钮，在弹出的刷子模式列表中选
择"内部绘画"模式，如图 4-9 所示。

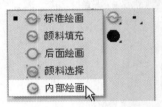

图 4-8　设置刷子颜色　　　　图 4-9　选择刷子模式

(10) 在工具箱的"选项"区域，单击"刷子大小"列表按钮，在弹出的刷子大小列表
中选择一种刷子大小，如图 4-10 所示。

(11) 设置好刷子的属性后，在"地球"影片剪辑中，鼠标单击第 1 个关键帧，在编辑
区中的蓝色圆上绘制陆地形状，如图 4-11 所示。

(12) 同理，使用"刷子工具"在第 2 帧、第 3 帧、第 4 帧、第 5 帧处分别在蓝色圆上
绘制陆地形状。至此，"地球"影片剪辑元件制作完成，如图 4-12～图 4-15 所示。

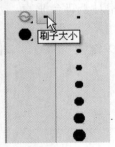

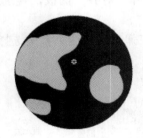

图 4-10　选择刷子大小　　　　图 4-11　绘制图形　　　　图 4-12　第 2 帧图形

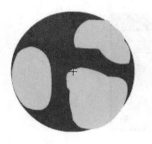　　

图 4-13　第 3 帧图形　　　图 4-14　第 4 帧图形　　　图 4-15　第 5 帧图形

4.2.2　将现有对象转换为元件

将编辑好的对象转换成元件，可以通过以下方式创建。

● 　选择"修改"|"转换为元件"菜单命令。

● 　使用快捷键 F8。

例 4.2　制作月亮元件，具体操作步骤如下。

(1) 在工具箱中选择"椭圆工具"，如图 4-16 所示。

(2) 在工具箱的"颜色"区选择无笔触颜色，填充颜色为黄色，如图 4-17 所示。

图 4-16　选择"椭圆工具"　　　　　图 4-17　设置椭圆颜色

(3) 使用"椭圆工具"，在舞台中绘制一个没有边框线，填充色为黄色的圆，如图 4-18 所示。

(4) 使用工具箱中的"选择工具"，将舞台中的圆选中，如图 4-19 所示。

(5) 选择"修改"|"转换为元件"菜单命令，如图 4-20 所示。

　　　　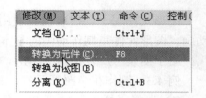

图 4-18　绘制圆　　　图 4-19　选中圆　　　图 4-20　选择"转换为元件"命令

(6) 打开"转换为元件"对话框，在其中输入元件名称为"月亮"，类型为"影片剪辑"，单击"确定"按钮完成对话框的设置，如图 4-21 所示。

图 4-21　设置"转换为元件"对话框

(7) 此时，舞台中的对象转换为元件实例显示，如图 4-22 所示。

(8) 用鼠标双击舞台中的实例，此时，进入到"月亮"元件的内部，如图 4-23 所示。

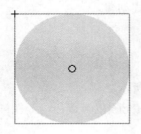

图 4-22　月亮元件　　　　　　　**图 4-23　月亮元件内部**

(9) 至此，"月亮"影片剪辑元件制作完成。

注意： 元件的编辑窗口与场景中的舞台区别如下：

① 场景中的舞台原点在舞台的左顶点位置，元件的原点在中心点的位置。

② 舞台有大小的限制，而元件的编辑区域没有大小限制。而且，元件的实例中可以显示出元件的原点。

4.3　元件的类型

4.3.1　图形元件

图形元件用于创建可反复使用的图形，它可以是静止图片，也可以是由多个帧组成的动画。图形元件是制作动画的基本元素之一，但它不能添加交互行为和声音控制。

用于创建可反复使用的图形，从"库"面板中将图形元件拖放到舞台。

例 4.3　制作花朵图形元件，具体操作步骤如下。

(1) 选择"插入"|"新建元件"菜单命令，打开"创建新元件"对话框，在其中输入元件名称为"花朵"，类型为"图形"，如图 4-24 所示单击"确定"按钮，进入到"花朵"图形元件的内部。

图 4-24　"创建新元件"对话框

（2）在"花朵"图形元件的编辑区内，使用"钢笔工具"在其中绘制花瓣形状，如图 4-25 所示。

（3）使用组合键 Ctrl+D，复制出一个花瓣形状，如图 4-26 所示。

（4）选择"修改"|"变形"|"水平翻转"命令，将复制的花瓣形状水平翻转，如图 4-27 所示。

图 4-25　绘制形状　　　　图 4-26　复制　　　　图 4-27　水平翻转

（5）移动复制花瓣形状，使之与左侧花瓣形状连接上，如图 4-28 所示。

（6）使用"颜料桶工具"，通过"混色器"面板设置颜色，为花瓣填充颜色，并利用"任意变形工具"，将其中的变形中心点移动到花瓣下方，如图 4-29 所示。

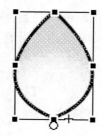

图 4-28　移动位置　　　　图 4-29　移动变形中心点

（7）打开"变形"面板，在"变形"面板中的"旋转"文本框中输入旋转角度"72 度"，如图 4-30 所示。

（8）连续单击 5 次"复制选区和变形"按钮，复制出 4 片花瓣，如图 4-31 所示。

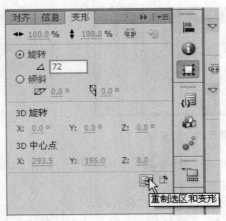
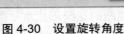

图 4-30　设置旋转角度

图 4-31　复制后效果

(9) 删除花朵中心多余的线段，并选中最后一片复制的花瓣的一段框线，如图 4-32 所示。

(10) 选择"修改"|"变形"|"水平翻转"命令，将此框线水平翻转，如图 4-33 所示。

图 4-32　选中线段

图 4-33　水平翻转

(11) 将翻转后的框线调整到合适位置，如图 4-34 所示。

(12) 在花朵中心，使用"铅笔工具"绘制一些黄色的花心，如图 4-35 所示。

图 4-34　移动位置

图 4-35　绘制花心

(13) 在图层 1 的第 2 帧处插入关键帧，并将第 1 朵花复制，此时，在第 2 帧中出现两朵花，如图 4-36 所示。

(14) 在图层 1 的第 3 帧处插入关键帧，并复制另一朵花，此时，在第 3 帧中出现三朵花，如图 4-37 所示。

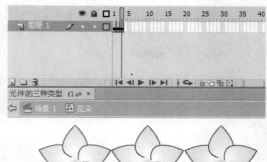

图 4-36　第 2 帧内容　　　　　　　　　图 4-37　第 3 帧内容

(15) 至此，"花朵"图形元件制作完成。将此图形元件拖动到舞台中即可。

4.3.2　按钮元件

按钮元件用于创建可反复使用的图形，它可以是静止图片，也可以是由多个帧组成的动画。

将编辑好的对象转换成元件。从"图库"面板中将按钮元件拖放到舞台。

例 4.4　制作动态按钮元件。制作的具体操作步骤如下。

(1) 选择"插入" | "新建元件"命令，打开"创建新元件"对话框，在其中输入元件名称为"动态按钮"，类型为"按钮"，如图 4-38 所示单击"确定"按钮，进入到"动态按钮"元件的内部。

(2) 在"动态按钮"的"弹起"帧处，绘制一个绿色的圆，如图 4-39 所示。

图 4-38　"创建新元件"对话框　　　　　图 4-39　"弹起"帧内容

(3) 在"指针经过"、"按下"帧处插入关键帧，并将"指针经过"帧中的内容通过"任意变形工具"将它放大，如图 4-40 所示。

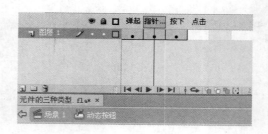

图 4-40 "指针经过"帧内容

4.3.3 影片剪辑元件

影片剪辑元件用于创建可反复使用的图形，它可以是静止图片，也可以是由多个帧组成的动画。

将编辑好的对象转换成元件。从"库"面板中将图形元件拖放到舞台。

例 4.5 制作心图形元件，具体操作步骤如下。

(1) 选择"插入"|"新建元件"命令，打开"创建新元件"对话框，在其中输入元件名称为"心"，类型为"影片剪辑"，如图 4-41 所示单击"确定"按钮，进入到"心"元件的内部。

(2) 在"心"影片元件的编辑区内，使用"钢笔工具"在其中绘制心的形状。如图 4-42 所示。

图 4-41 "创建新元件"对话框

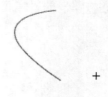

图 4-42 绘制形状

(3) 使用工具箱中的"选取工具"，对编辑区中的形状进行调整，效果如图 4-43 所示。

(4) 使用组合键 Ctrl+D，复制出一个相同的形状，如图 4-44 所示。

(5) 选择"修改"|"变形"|"水平翻转"命令，将复制的形状水平翻转，如图 4-45 所示。

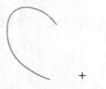

图 4-43 调整形状

图 4-44 调整形状

图 4-45 水平翻转

(6) 移动复制的形状，使之与左侧心的形状连接上，如图 4-46 所示。

(7) 删除多余的线段，并用"选取工具"调整心的形状，效果如图 4-47 所示。

(8) 使用"颜料桶工具"，通过"混色器"面板设置颜色，为心填充颜色，并利用"填充变形工具"，将填充色块的填充效果进行调整，效果如图 4-48 所示。

图 4-46　移动位置

图 4-47　调整形状

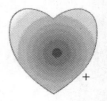
图 4-48　填充颜色

(9) 在图层 1 的第 2 帧处插入关键帧，并将第 1 颗心复制，拖动到合适位置。此时，在第 2 帧中出现两颗心，如图 4-49 所示。

(10) 在图层 1 的第 3 帧处插入关键帧，并复制一颗心，此时，在第 3 帧中出现三颗心，并排列好顺序，如图 4-50 所示。

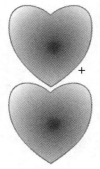
图 4-49　第 2 帧内容

图 4-50　第 3 帧内容

4.4　认识库面板

图库是 Flash CS6 里的面板，简称为"库"。在这个库里边存放着一些用户在制作 Flash 动画时经常用到的部件，这些部件通常由用户自己创建，这里有声音、图形图像，而其中的图形元件、按钮和影片剪辑则被统称为"元件"。

图库用于存放和组织可重复使用的元件，其作用与 Windows 资源管理器类似，当需要对象时，直接从图库中调用即可。将元件从图库中拖放到场景中，就生成了该元件的一个实例。实例实际是元件的一个复制品，将元件拖放到场景后，元件本身仍位于图库中。改变场景中实例的属性并不会改变图库中元件的属性；但改变元件的属性，该元件的所有实例的属性都将随之变化，如图 4-51 为库面板。

图 4-51 "库"面板

存放制作 Flash 动画时用到的对象元素。可以通过选择"窗口"|"库"命令，也可以使用使用组合键 Ctrl+L 选择。

4.5　本章实例——制作灯笼元件

1．主要目的

练习制作元件的方法。

2．上机准备

(1) 熟练掌握工具箱中各工具的使用方法。

(2) 掌握元件的制作方法。

3. 操作步骤

最终的效果图，如图 4-52 所示。

制作灯笼的具体操作步骤如下。

(1) 选择"插入"|"新建元件"命令，打开"创建新元件"对话框，输入元件名称为"灯笼"，选择类型为"影片剪辑"，如图 4-53 所示单击"确定"按钮，进入到"灯笼"影片剪辑元件的内部。

图 4-52　效果图　　　　　　　　图 4-53　"创建新元件"对话框

(2) 选择"视图"|"辅助线"|"编辑辅助线"命令，打开"辅助线"对话框，设置颜色为"蓝色"，如图 4-54 所示。

图 4-54　"辅助线"对话框

(3) 用鼠标单击"视图"|"标尺"命令，打开标尺工具，然后按住垂直标尺，依次拖曳出两条辅助线，然后放在标尺的-65 和 65 的位置，如图 4-55 所示。

(4) 按住水平标尺，依次拖曳出 7 条辅助线，放在标尺的相应位置，如图 4-56 所示。

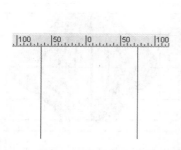

图 4-55　拖曳垂直辅助线　　　　　图 4-56　拖曳水平辅助线

(5) 在舞台中绘制一个矩形，如图 4-57 所示。

(6) 打开"颜色"面板，在其中设置笔触颜色为黑色，填充颜色为放射状填充效果。左侧色块颜色为#FFFF00，右侧色块的颜色为#FF0000，如图 4-58 所示。

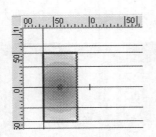

图 4-57　绘制矩形　　　　　　　图 4-58　设置"颜色"面板

(7) 打开"信息"面板，在其中设置矩形的大小为 50×100，如图 4-59 所示。

(8) 将矩形放置在辅助线之内，删除上下边框线并绘制 8 条垂线，然后和原来存在的两条边框线均匀分布，长度与矩形高度一致，如图 4-60 所示。

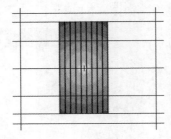

图 4-59　设置大小　　　　　　　图 4-60　更改填充色

(9) 选中舞台中的对象，单击绘图工具栏中的任意变形工具，在对应的选项工具栏中选择"封套"。此时，舞台中的对象形状如图 4-61 所示。

(10) 此时在舞台上通过鼠标按住左侧中间的一个方形控制点，向左拖动，到达参考线交叉位置；同样右侧也作这样的自由变换，最后的效果如图 4-62 所示。

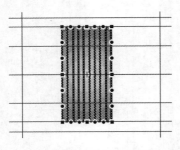

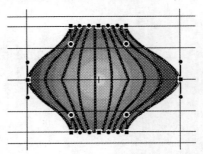

图 4-61　选择封套效果　　　　　　图 4-62　调整控制点

(11) 同理，鼠标按住中间的四个控制点之一，拖动到参考线交叉位置，如图 4-63 所示。

(12) 在调整好的灯笼的上下两端分别绘制两个矩形，位置居中，如图 4-64 所示。

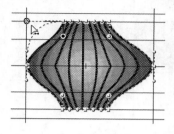

图 4-63　调整形状

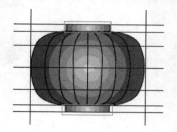

图 4-64　绘制矩形

(13) 在下端的矩形下方绘制一条直线，粗线为 1，如图 4-65 所示。

(14) 打开"颜色"面板，设置笔触颜色为线性渐变，左侧色块的颜色为#FF0000，右侧色块的颜色为#FFFFFF，如图 4-66 所示。

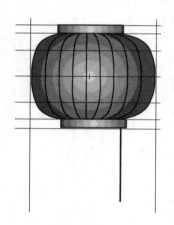

图 4-65　绘制直线

图 4-66　设置颜色

(15) 通过工具箱中的"填充变形工具"调整颜色的方向。使用组合键 Ctrl+G 将它组合成一个整体，如图 4-67 所示。

(16) 将设置好的直线组合复制 9 份，然后依次排列，如图 4-68 所示。

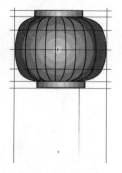

图 4-67　调整颜色

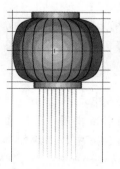

图 4-68　排列直线

(17) 使用直线工具和箭头工具在上端的矩形上方绘制把手，如图 4-69 所示。

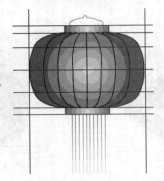

图 4-69　绘制把手

(18) 至此，整个灯笼元件制作完成，将它拖动到舞台中，使用组合键 Ctrl+Enter 测试即可。

4.6　课 后 练 习

1. 选择题

(1) 以下关于按钮元件的叙述，错误的是(　　)。
    A. 按钮元件里面的时间轴中最多只能放置 4 帧
    B. 它可以显示不同的图像或动画，分别响应不同的鼠标状态
    C. 按钮元件的第 4 帧则定义了按钮的激活区域
    D. 按钮元件是 3 种元件的一种

(2) 新建元件的快捷键是(　　)。
    A. Alt+F5　　　　B. Ctrl+F8　　　　C. F6　　　　　　D. Shift+F7

(3) 打开"库"面板的快捷键是(　　)。
    A. Ctrl+L　　　　B. Ctrl+K　　　　C. Shift+L　　　D. Shift+K

(4) 不能添加交互行为的元件是(　　)。
    A. 图形元件　　　　　　　　　　B. 影片剪辑元件
    C. 按钮元件　　　　　　　　　　D. 关键帧

(5) 影片剪辑元件可以不依赖(　　)进行。
    A. 场景　　　　B. 舞台　　　　　C. 主时间轴　　　D. 库

2. 填空题

(1) Flash CS6 中元件包括(　　)(　　)和(　　)。

(2) 在 Flash CS6 中用于管理元件的是(　　)。

(3) 在 Flash CS6 中每个按钮都有 4 种状态，即(　　)(　　)(　　)(　　)。

(4) 将对象转换为元件，可以使用快捷键(　　)。

(5) 具有交互动画功能的元件是(　　)和(　　)。

3. 上机操作题

(1)　制作影片剪辑元件，设计效果如图 4-70 所示。

(2)　制作图形元件，设计效果如图 4-71 所示。

图 4-70　影片剪辑元件　　　　　　　　图 4-71　图形元件

(3)　制作动态的按钮，设计效果如图 4-72 所示。

没有单击鼠标

图 4-72　按钮元件

第 5 章　基 本 动 画

Flash CS6 是矢量动画制作软件，比起其他动画软件要简单易学，没有很复杂的操作，只要掌握好一些基本的动画制作技巧，就可以制作出很精彩的动画。经过前面几章的学习，读者已经了解了如何使用 Flash CS6 进行绘图，如何将这些图形转换为元件，也熟悉了关于元件及实例的操作。但是这些只是制作动画的基础，本章就来介绍如何制作动画。

5.1　图　　层

时间轴面板为制作动画、控制动画元素及在舞台中出现的时间与相互之间的叠加次序提供了一个场所。时间轴面板主要由帧、图层和播放指针组成。

图层是绘制 Flash CS6 图形与制作动画时不可缺少的组成部分。Flash 中的图层可以用来安排动画中各帧的内容，每个图层都拥有一个独立的时间轴，可以将不同的动画部分放置到不同的图层中，以避免对象在播放时相互影响。

5.1.1　图层的类型

在 Flash CS6 中，按照类型来分，图层有 6 类，即普通层、引导层、被引导层、遮罩层、被遮罩层与图层文件夹。在图层上单击鼠标右键，在弹出的快捷菜单中选择"属性"命令，在弹出"图层属性"对话框中可以设置图层的各种类型，如图 5-1 所示。

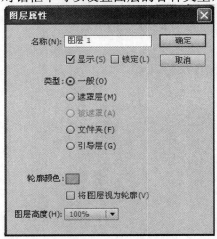

图 5-1　"图层属性"对话框

"图层属性"对话框中各选项的功能如表 5-1 所示。

表 5-1　"图层属性"对话框中各选项的功能

各部分名称	功　　能
名称	用于设置图层的名称
显示	用于控制是否显示图层
锁定	用于控制图层是否为锁定状态
一般	用于设置图层为普通图层
引导层	用于制作运动引导动画中包含运动引导线的图层
遮罩层	在遮罩层可以制作遮住动画
被遮罩	在遮罩层遮住的图层
文件夹	把图层组织到相关的图层文件夹中
轮廓颜色	用于设置图层轮廓线的颜色
将图层视为轮廓	图层中的对象是否以轮廓线的方式显示
图层高度	用于设置图层在时间轴面板中显示的高度

5.1.2　图层的编辑

通过时间轴面板可以完成很多图层操作，包括图层的创建、显示、隐藏、锁定、删除等，如表 5-2 所示。

表 5-2　图层区域各按钮的功能

名　　称	图　标	功　　能
新建图层		单击此按钮，在选中的图层上新建一个图层
新建文件夹		单击此按钮，在选中的图层上新建一个图层文件夹
删除图层		单击此按钮，可以将选择的图层删除
显示或隐藏所有图层		单击此按钮，可以将所有图层全部隐藏或显示。如果在其中一个图层中单击此按钮，可以将这个图层单独显示或隐藏
锁定或解除锁定所有图层		单击此按钮，可以将图层全部锁定或解除锁定。如果在其中一个图层中单击此按钮，可以将这个图层单独锁定或解除锁定
显示所有图层的轮廓		单击此按钮，可以将图层全部以轮廓线方式显示。如果在其中一个图层中单击此按钮，可以将这个图层单独以轮廓线方式显示

例 5.1　制作"雕刻字"。

具体操作步骤如下。

(1) 新建一个文档，将动画的文档尺寸设置为 750×120，背景色设置为淡蓝色，如图 5-2 所示。

(2) 鼠标右键单击"图层 1"，在弹出的快捷菜单中选择"属性"命令，弹出"图层属性"对话框，将图层 1 命名为"黑色文字"，单击"确定"按钮，完成图层的重命名操作，如图 5-3 所示。

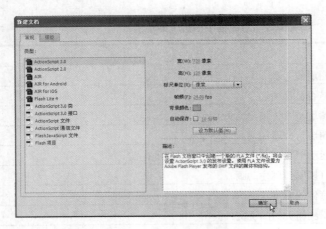

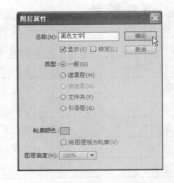

图 5-2 "新建文档"对话框 　　　　　图 5-3 "图层属性"对话框

(3) 通过工具箱中的"文本工具",在舞台中输入文字"唐山师范学院滦州分校",如图 5-4 所示。

(4) 选中舞台中的文本,在"属性"面板中设置字体为"宋体"、字号为 60、文字颜色为黑色,如图 5-5 所示。

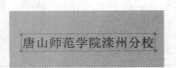

图 5-4 输入文本 　　　　　　　　图 5-5 设置字体属性

(5) 通过工具箱中的"选择工具",将舞台中的文本选中。然后选择"编辑"|"复制"命令(或者使用组合键 Ctrl+C),将文本复制,如图 5-6 所示。

(6) 单击图层控制区下的"新建图层"按钮两次,在"黑色文字"图层上新建两个图层,如图 5-7 所示。

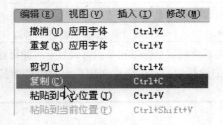

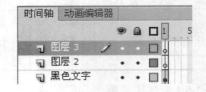

图 5-6 选择"复制"命令 　　　　　图 5-7 新建两个图层

(7) 新建图层后,将两个新图层分别重新命名为"白色字体"和"蓝色字体",如图 5-8 所示。

(8) 分别选中"白色字体"和"蓝色字体"图层中的第 1 帧,选择"编辑"|"粘贴到当前位置"命令,将复制的文本分别粘贴到这两个新建的图层中,如图 5-9 所示。

图 5-8　重命名图层

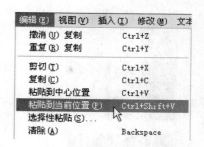

图 5-9　选择"粘贴到当前位置"命令

(9) 单击"白色字体"图层和"黑色文字"图层后对应的"显示或隐藏所有图层"按钮，将这两个图层中的对象隐藏，如图 5-10 所示。

(10) 单击"蓝色字体"图层的第 1 帧，将该帧文字选中，通过"属性"面板将填充色改为蓝色，如图 5-11 所示。

图 5-10　隐藏图层

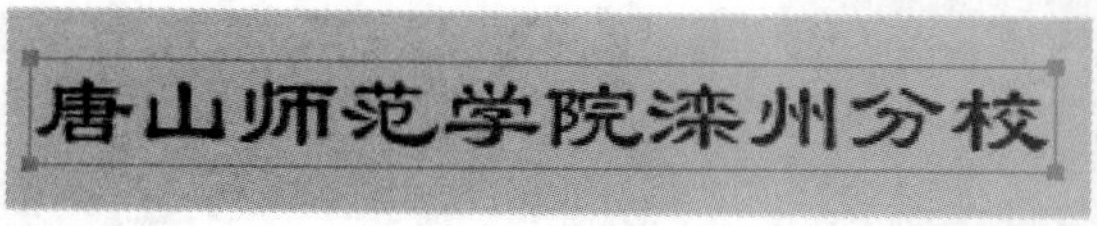

图 5-11　粘贴文本

(11) 将"蓝色字体"图层和"黑色文字"图层隐藏，将"白色字体"图层显示。单击"白色字体"图层第 1 帧，将该帧文字选中，将文字颜色改为白色，再将颜色面板上的 Alpha 文本框设置为 70，将文字颜色的透明度设置为 70%，如图 5-12 所示。

(12) 选中舞台中的白色文字，分别按两次键盘上的向上、向左光标移动键，使该层文字略向上、向左移动，如图 5-13 所示。

图 5-12　设置 Alpha 值

图 5-13　粘贴文本

(13) 将"蓝色字体"图层和"白色字体"图层隐藏，将"黑色文字"图层显示。单击"黑色文字"图层第 1 帧，将该帧文字选中，将文字颜色改为黑色，再将"颜色"面板上的 Alpha 文本框设置为 70，将文字颜色的透明度设置为 70%，如图 5-14 所示。

(14) 分别按两次键盘上的向下、向右光标移动键，使该层文字略向下、向右移动，如图 5-15 所示。

颜色
样本
纯色
H: 0°
S: 0 %
B: 0 %
R: 0
G: 0
B: 0
000000
A: 70

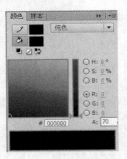

图 5-14 设置 Alpha 值

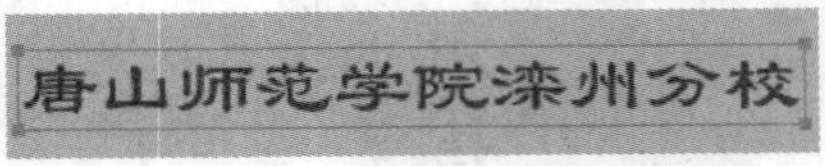
唐山师范学院滦州分校

图 5-15 粘贴文本

(15) 将“白色文字”图层和“黑色字体”图层编辑完成后，将所有图层全部显示出来，雕刻字制作完成，如图 5-16 所示。

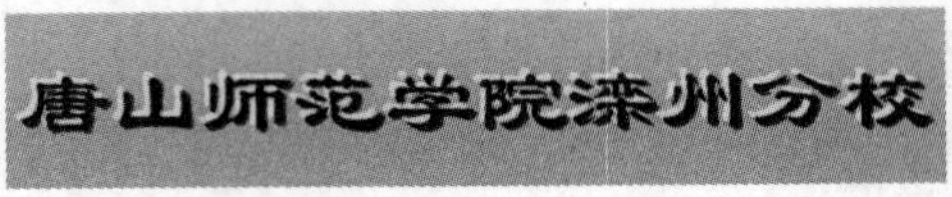
唐山师范学院滦州分校

图 5-16 雕刻字效果

5.2 帧

时间轴由播放指针、帧、时间轴标尺和状态栏组成。时间轴中帧的各部分的功能如表 5-3 所示。

表 5-3 时间轴各部分的功能

名 称	图 标	功 能
帧居中		单击该按钮，当前帧会显示在时间轴的中部
绘图纸外观		单击此按钮，在“起始绘图纸外观”和“结束绘图纸外观”标记之间的所有帧被重叠为“文档”窗口中的一个帧
绘图纸外观轮廓		单击此按钮，将具有“绘图纸外观”的帧显示为轮廓
编辑多个帧		单击此按钮，编辑“绘图纸外观”标记之间的所有帧
修改绘图纸标记		包括 5 项内容： “总是显示标记”选项会在时间轴标题中显示“绘图纸外观标记，而不管“绘图纸外观”是否打开。 “锚定绘图纸外观”选项会将“绘图纸外观”标记锁定在它们在时间轴标题中的当前位置。 “绘图纸 2”选项会在当前帧的两边显示两个帧。 “绘图纸 5”选项会在当前帧的两边显示五个帧。 “绘制全部”选项会在当前帧的两边显示所有帧
当前帧	1	表示当前帧所在的位置
帧频率	24.00 fps	表示每秒钟播放的帧数，数值越大，播放数据越快
运行时间	0.0 s	已经播放了多长时间的动画
帧的显示设定		单击时间轴右上角的“帧的显示设定”按钮，在下拉菜单中选择任意选项控制帧的显示状态。其中包括很小、小、标准、中、大、预览、关联预览、较短、彩色显示帧

5.2.1　帧的类型

在 Flash CS6 中，帧是动画的基本单位。动画的制作实际就是改变连续帧的内容的过程，不同的帧表现不同时刻动画的某一动作，对动画的操作实际就是对帧的操作。

Flash CS6 中的帧分为四类，即关键帧、空白关键帧、普通帧和过渡帧。下面就来详细介绍这四类帧。

- 关键帧：所有帧的基础，而且只有关键帧才是我们在舞台上直接编辑的帧。其他的帧都是关键帧的延续或是变化。在时间轴中，关键帧表现为具有黑色实心圆点的矩形方格█。

- 空白关键帧：一种特殊的关键帧，事实上它就是一个在舞台上没有内容的关键帧。在时间轴中，空白关键帧显示为有白色实心圆点的矩形方格█。

- 普通帧：关键帧的延续，它显示的内容就是它所延续的关键帧的内容。普通帧由灰色方格表示█，而空白关键帧延续出的静止帧显示为空白方格█，在每个关键帧的最后静止帧上有小矩形，表示关键帧延续的结束。

- 过渡帧：它是在创建动画时，Flash CS6 自己创建出来的帧，过渡帧中的动画对象也是由 Flash 自己创建出来的。创建的动画类型不同，关键帧的表达方式也不同。6 种过渡帧如图 5-17 所示。

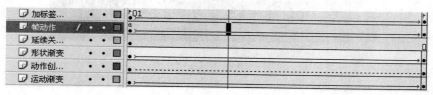

图 5-17　6 种过渡帧

由下向上依次介绍如下。

(1) 关键帧之间为浅蓝色背景的黑色箭头表示创建的动画为运动渐变动画。

(2) 关键帧间的动作如果是虚线，则两个关键帧之间的动作没有创建起来，或在创建动作时操作错误。

(3) 关键帧之间为浅绿色背景的黑色箭头表示创建的动画为形状渐变动画。

(4) 灰色背景表示将单个关键帧的内容延续到后面的帧。

(5) 关键帧上如果有小写的"a"符号，表示给该帧指定了帧交互动作(即帧动作)。

(6) 关键帧上有一个小红旗表示在该项帧上设定了标签或注释。

5.2.2　帧的编辑

通过插入、删除、复制帧等的操作及帧中内容的变化可以实现动画的制作。

(1) 通过选择"插入"|"时间轴"菜单命令完成帧的插入。

(2) 右击时间轴中的帧，在快捷菜单中选择相应的操作。

例 5.2　制作打字效果。

具体操作步骤如下。

（1）新建一个文档，将动画的文档尺寸设置为 720×120，背景色设置为黑色，然后单击"确定"按钮完成文档属性的设置，如图 5-18 所示。

（2）在工具箱中选择"文本工具"，在属性面板中设置字体为"宋体"，字号为"50"，颜色为"白色"、"加粗"，如图 5-19 所示。

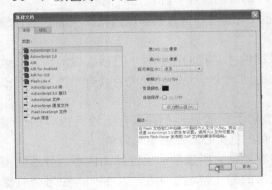

图 5-18   "新建文档"对话框 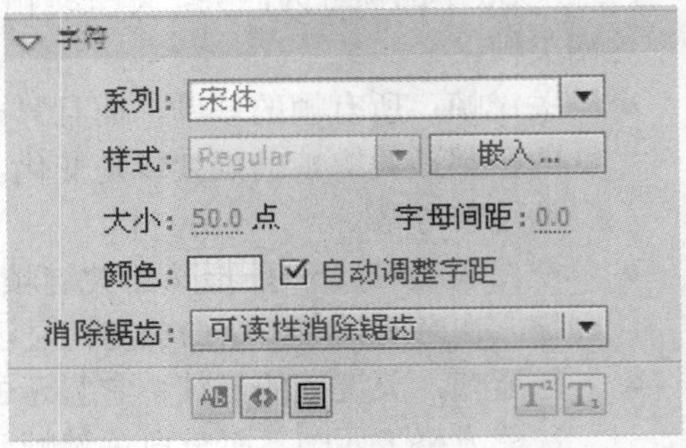   图 5-19   设置属性面板

（3）在舞台中输入文本，如图 5-20 所示。

落花有意，流水无情_

图 5-20   输入文本

（4）鼠标右键单击第 2 帧，在弹出的快捷菜单中选择"插入关键帧"命令，如图 5-21 所示。

图 5-21   选择"插入关键帧"命令

（5）将光标放在下划线前，将最后一个文字删除，如图 5-22 所示。

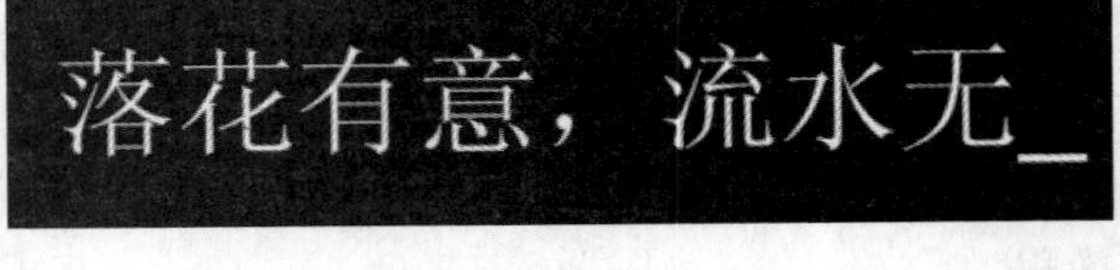

落花有意，流水无_

图 5-22   删除文字

（6）鼠标右键单击第 3 帧，在弹出的快捷菜单中选择"插入关键帧"命令，如图 5-23

所示。

图 5-23　选择"插入关键帧"命令

（7）将光标放在下划线前，继续删除文字，如图 5-24 所示。

图 5-24　删除文字

（8）依次插入关键帧，然后从后依次向前删除文字，直到第 10
帧，删除文字后的效果如图 5-25 所示。

（9）单击第 1 帧，按住 Shift 键的同时，再单击第 10 帧，将图层 1
的所有帧全部选中(也可以直接单击图层 1 选中全部帧)，如图 5-26
所示。

图 5-25　删除文字

图 5-26　选中所有帧

（10）鼠标右键单击选中的帧，在弹出的快捷菜单中选择"翻转帧"命令，如图 5-27
所示，此时，打字效果制作完成。

图 5-27　选择"翻转帧"命令

5.3　逐帧动画

逐帧动画的原理是在"连续的关键帧"中分解动画动作，也就是在时间轴的每个帧上
逐帧绘制不同的内容，使其连续播放而形成动画，这种动画很容易理解。逐帧动画的帧序

列内容不一样，不但给制作增加了负担，而且最终输出的文件量也很大，但它的优势也很明显：逐帧动画具有非常大的灵活性，几乎可以表现出任何想表现的内容。例如：人物或动物急剧转身、头发及衣服的飘动、走路、说话等。

逐帧动画与电影播放模式相似，适合于表演很细腻的动画，如 3D 效果等。

(1) 用导入的静态图片建立逐帧动画。

将 JPG、PNG 等格式的静态图片连续导入 Flash 中，就会建立一段逐帧动画。

(2) 绘制矢量逐帧动画。

用鼠标或压感笔在场景中一帧一帧地绘制帧内容。

(3) 文字逐帧动画。

用文字作帧中的元件，实现文字跳跃、旋转等特效。

(4) 导入序列图像。

在 Flash 中可以导入 GIF 序列图像、SWF 动画文件或者利用第 3 方软件(如 swish、swift 3D 等)产生的动画序列。

例 5.3 制作踏步走动画。

具体操作步骤如下。

(1) 新建一个 Flash 文档，然后选择"文件"|"导入"|"导入到舞台"命令，如图 5-28 所示。

图 5-28 选择"导入到舞台"命令

(2) 在弹出的"导入"对话框中，选择所需要的材料。本例选择"第 5 章"文件夹中的"背景"图片，然后单击"打开"按钮，如图 5-29 所示。

(3) 将"背景"图片导入舞台后的效果如图 5-30 所示。

图 5-29 "导入"对话框   图 5-30 导入图形

(4) 打开"信息"面板，将图片大小设置为 550×400，位置与舞台重合，如图 5-31 所示。

(5) 将图层 1 重命名为"背景"，如图 5-32 所示。

图 5-31　"信息"面板

图 5-32　命名图层

(6) 将"背景"图层锁定，在其上新建一个图层，命名为"人"，如图 5-33 所示。

(7) 选择"插入"|"新建元件"命令，打开"创建新元件"对话框，在其中设置名称为"人"，类型为"影片剪辑"，单击"确定"按钮完成设置，如图 5-34 所示。

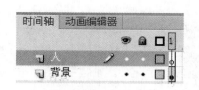

图 5-33　新建图层

图 5-34　"创建新元件"对话框

(8) 在元件"人"的编辑区内，通过"文件"|"导入"|"导入到舞台"命令，打开"导入"对话框，从中选择图片，单击"打开"按钮，如图 5-35 所示。

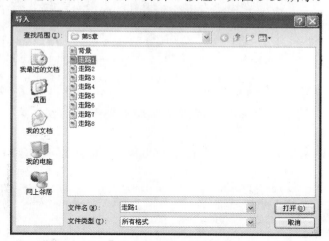

图 5-35　"导入"对话框

(9) 在弹出的提示对话框中单击"是"按钮，如图 5-36 所示。此时，在元件"人"中将会导入多张图，自动创建逐帧动画，如图 5-37 所示。

图 5-36　单击"是"按钮

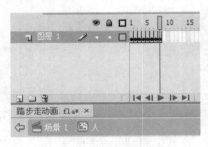

图 5-37　插入图形后效果

(10) 选中第 8 帧，单击"多帧编辑"按钮，如图 5-38 所示。

(11) 单击第 7 帧，此时，对应的图形被选中，如图 5-39 所示。

图 5-38　单击"多帧编辑"按钮　　　　　　图 5-39　选中第 7 帧

(12) 以第 8 帧中的图形为标准，将第 7 帧中的图形移动到与第 8 帧重合的位置，如图 5-40 所示。

(13) 同理，将其他帧中的图形分别移动到与第 8 帧中图形重合的位置，如图 5-41 所示。

图 5-40　移动第 7 帧图形　　　　　　图 5-41　移动第 1 帧图形

（14）单击"多帧编辑"按钮取消它的选中状态，如图 5-42 所示。

（15）鼠标右键单击第 1 个关键帧，在弹出的快捷菜单中选择"插入帧"命令，在第 1 个关键帧后插入普通帧，如图 5-43 所示。

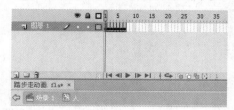

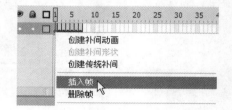

图 5-42　取消帧的选中状态　　　　　　　　图 5-43　选择"插入帧"命令

（16）使用同样的方法，分别在每个关键帧后插入普通帧，如图 5-44 所示。

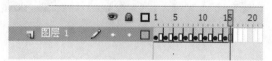

图 5-44　编辑帧

（17）返回到场景 1 中，将图库中的元件"人"拖动到"人"图层的第 1 帧，如图 5-45 所示。

图 5-45　放置元件

(18) 选中舞台中的元件实例，打开"属性"面板，锁定宽和高的纵横比，更改高为 260，按 Enter 键，完成大小设置，如图 5-46 所示。

图 5-46　设置大小

(19) 拖动舞台中的元件实例到合适位置，如图 5-47 所示，使用组合键 Ctrl+Enter 测试影片。

图 5-47　移动到合适位置

5.4　运动补间动画

Flash CS6 在制作动画方面的优越性体现在渐变动画上。渐变动画又分为运动渐变动画和形变动画两类。这两种动画的制作主要是在于对关键帧的处理。简单地说，这类动画就是要制作好两个关键帧，如果这两个关键帧之间有某种联系，那么就给这两个关键帧添加"形状补间动画"或者"运动补间动画"，这样就可以制作出从前一关键帧逐步变化为后一关键帧的动画。显然结果不会是从前一关键帧直接跳到后一关键帧，在两个关键帧之间，Flash CS6 会自动计算生成由前一关键帧变化到后一关键帧的这些过程帧。

在两个关键帧之间到底是使用"形状补间动画"还是"运动补间动画"，就要看这两个关键帧中所包含的内容了。下面我们就先来看一下运动补间动画。

运动补间动画主要是通过实例的各种属性如位置、大小、旋转度、透明度和颜色效果的变化形成动画效果。它的作用对象是元件实例、群组对象、文本对象。

注意：　制作运动补间动画最主要的是两个关键帧中的实例必须是同一元件的实例，然后在实例属性面板中为实例设置两个不同的属性，让 Flash 逐渐调整这两个属性，逐步完成从前一属性到后一属性的转化。运动补间动画的作用对象是实例、群组对象及文字对象，图形对象不能制作运动补间动画。

可以通过以下方式创建。

● 鼠标右键单击两个关键帧之间的任意一帧，在快捷菜单中选择"创建补间动画"命令。

● 选择两个关键帧之间的任意一帧，在"属性"面板中的"补间"下拉列表框中选择"动画"选项。

制作运动补间动画的条件有 3 个。

● 至少存在两个关键帧。

● 在关键帧中包含必要的元件实例、群组对象、文本对象。

● 创建运动补间动画操作。

例 5.4　制作 5 种效果的运动补间动画。

具体操作步骤如下。

(1) 新建一个 Flash 文档，打开"新建文档"对话框，在"新建文档"对话框中设置背景颜色为淡蓝色，如图 5-48 所示。

(2) 选择"插入"|"新建元件"命令，弹出"创建新元件"对话框，在对话框中设置元件名称为"pic"，类型为"影片剪辑"，单击"确定"按钮，完成设置，如图 5-49 所示。

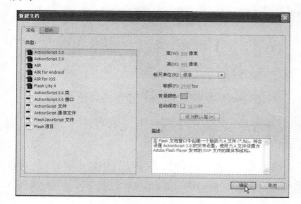

图 5-48　"文档属性"对话框

图 5-49　"创建新元件"对话框

(3) 打开 Pic 元件进行编辑，在编辑区选择"文件"|"导入"|"导入到舞台"命令，将图片导入元件的编辑区，如图 5-50 所示。

图 5-50　导入图形

(4) 返回场景 1，将图库中的 pic 元件拖放到舞台的左侧，如图 5-51 所示。

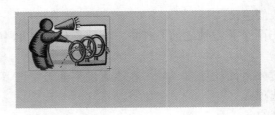

图 5-51　放置元件

(5) 在第 20 帧处插入关键帧，并将舞台中的对象调整到舞台的右侧，如图 5-52 所示。

(6) 在第 1 帧到第 20 帧之间的任何一帧处单击鼠标右键，在弹出的快捷菜单中选择"创建补间动画"命令，完成补间动画的操作，如图 5-53 所示。

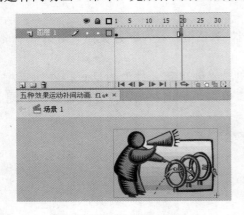

图 5-52　编辑第 20 帧

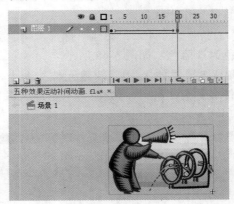

图 5-53　在 1～20 帧创建运动补间动画

(7) 在第 40 帧处插入关键帧，并将第 40 帧的对象通过任意变形工具缩小，如图 5-54 所示。

(8) 在第 20 帧到第 40 帧之间的任何一帧处单击鼠标右键，在弹出的快捷菜单中选择"创建补间动画"命令，完成补间动画的操作，如图 5-55 所示。

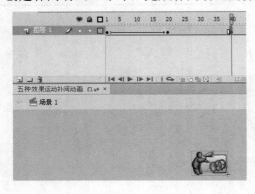

图 5-54　缩小元件实例

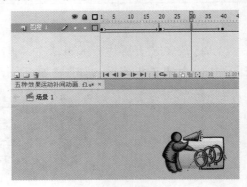

图 5-55　在 20～40 帧创建运动补间动画

(9) 同理，在第 60 帧处插入关键帧，并将 60 帧对应的舞台中的对象进行旋转操作，在第 40 帧到第 60 帧之间的任何一帧处单击鼠标右键，在弹出的快捷菜单中选择"创建补间动画"命令，完成补间动画的操作，如图 5-56 所示。

(10) 在第 80 帧处插入关键帧，并将 80 帧对应的舞台中的对象选中，在"属性"面板中的"色彩效果"下的"样式"下拉列表中选择"高级"选项，并设置颜色，如图 5-57 所示。

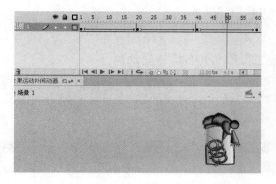

图 5-56　在 40～60 帧创建运动补间动画

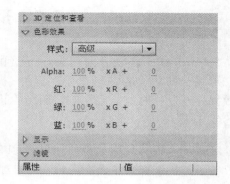

图 5-57　设置"高级"效果

(11) 在第 60 帧到第 80 帧之间的任何一帧处单击鼠标右键，在弹出的快捷菜单中选择"创建补间动画"命令，完成补间动画的操作，如图 5-58 所示。

(12) 在第 100 帧处插入关键帧，选中第 100 帧中的对象，在"属性"面板中的"色彩效果"下的"样式"下拉列表框中选择 Alpha 并设置为 10%，如图 5-59 所示。

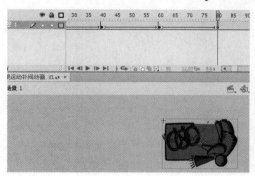

图 5-58　在 60～80 帧创建运动补间动画

图 5-59　设置 Alpha 值

(13) 在第 80 帧到第 100 帧之间的任何一帧处单击鼠标右键，在弹出的快捷菜单中选择"创建补间动画"命令，完成补间动画的操作，如图 5-60 所示。

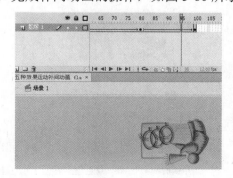

图 5-60　在 80～100 帧创建运动补间动画

(14) 使用"文件"|"保存"命令，将此动画保存。然后使用组合键 Ctrl+Enter 测试影片。

5.5 形状补间动画

5.4 节介绍了运动补间动画，下面我们来看一下形状补间动画。

形状补间动画是通过外形，包括形状、大小、位置、透明度和颜色的变化所形成的动画效果。在制作时只需要绘制好图形的起始形态和最终形态，而让 Flash 把中间的变化过程绘制出来。

💡 **注意：** 形状补间动画的作用对象是图形对象。在使用形状补间动画时，一定要保证关键帧中没有实例、群组对象及文字对象，否则会导致形状补间动画无效。

例 5.5 制作形状补间动画。

具体操作步骤如下。

(1) 打开"新建文档"对话框，新建一个 Flash 文档，在其中设置背景颜色为 #FFCF63。单击"确定"按钮，完成文档属性设置，如图 5-61 所示。

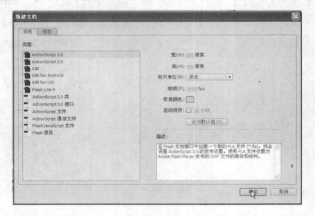

图 5-61 "新建文档"对话框

(2) 使用"矩形工具"，在舞台中绘制一个没有边框线的红色矩形，如图 5-62 所示。

图 5-62 绘制红色矩形

(3) 在第 15 帧处插入空白关键帧，如图 5-63 所示。

图 5-63 插入空白关键帧

（4）使用"椭圆工具"在舞台上绘制一个没有边框线的蓝色椭圆，如图 5-64 所示。

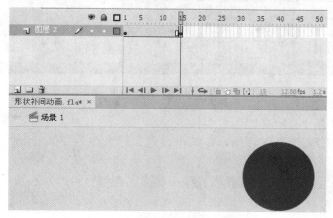

图 5-64　绘制蓝色椭圆

（5）选中第 1 帧到第 15 帧之间的任意一帧并右击，在弹出的快捷菜单中选择"创建补间形状"命令，如图 5-65 所示。

图 5-65　选择"创建补间形状"命令

5.6　本章实例——图片展示

1. 主要目的

练习基本动画的制作过程。

2. 上机准备

（1）熟练掌握基本动画的制作原理。

（2）掌握每种基本动画的作用对象。

（3）掌握每种基本动画的制作方法。

3. 操作步骤

最终的效果图如图 5-66 所示。

图 5-66　效果图

具体操作步骤如下。

(1) 打开"新建文档"对话框,在其中设置文档大小为 800×200,背景颜色为黑色,如图 5-67 所示。

(2) 将图层 1 重命名为 1。选择"直线工具",在舞台中绘制一条长 150 的白色水平直线,如图 5-68 所示。

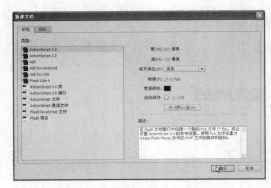

图 5-67　"新建文档"对话框

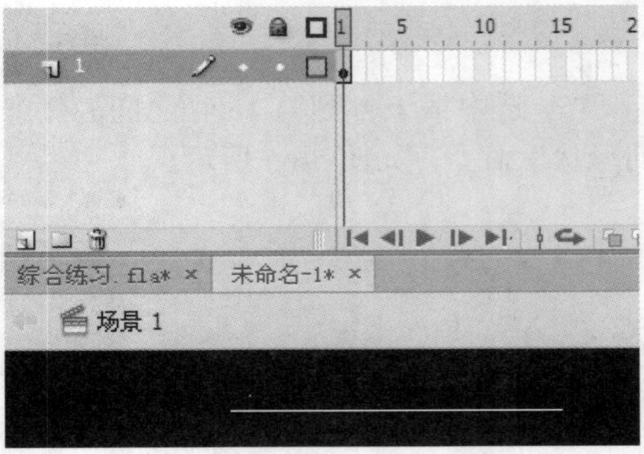

图 5-68　绘制水平线

(3) 在第 5 帧处插入关键帧,返回第 1 帧,对第 1 帧中的水平线进行编辑,删除多余的线段,只留一小部分,如图 5-69 所示。

(4) 选中第 1 帧到第 5 帧之间的任意一个帧并右击,在弹出的快捷菜单中选择"创建补间形状"命令,如图 5-70 所示。

图 5-69　编辑第 1 帧

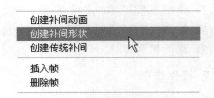

图 5-70　创建补间形状动画

(5) 将图层 1 锁定，在其上新建一个图层，重命名为 2，在图层 2 的第 5 帧插入关键帧，并绘制高 112.5 的白色垂线，如图 5-71 所示。

(6) 在图层 2 的第 10 帧处插入关键帧，返回第 5 帧，将其中的垂线删除多余的线段，只留一小部分，如图 5-72 所示。

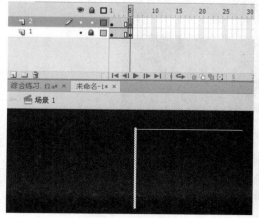

图 5-71　绘制垂线

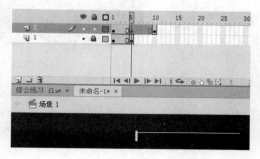

图 5-72　编辑第 5 帧

(7) 选中第 5 帧到第 10 帧之间的任意一个帧并右击，在弹出的快捷菜单中选择"创建补间形状"命令，如图 5-73 所示。

(8) 同样的，锁定图层 2，在图层 2 上新建一个图层，重命名为 3。在图层 3 的第 5 帧处插入关键帧，在水平线的右侧绘制同样的一条垂线，在第 10 帧处插入关键帧。返回第 5 帧，对线段进行编辑，然后在第 5 帧和第 10 帧之间创建形状补间动画，如图 5-74 所示。

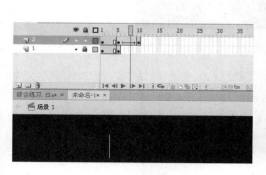

图 5-73　编辑图层 2

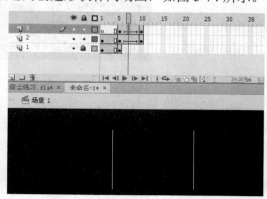

图 5-74　编辑图层 3

(9) 锁定图层 3，在图层 3 上新建一个图层，重命名为 4。在图层 4 的第 10 帧处插入关键帧，从左侧垂线的下端绘制一条向右的、长为 75 的水平线，在第 15 帧处插入关键帧。返回第 10 帧，然后在第 10 帧和第 15 帧之间创建形状补间动画，如图 5-75 所示。

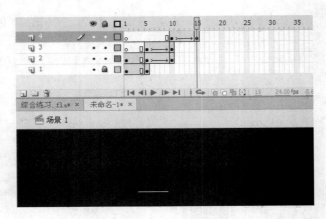

图 5-75　编辑图层 4

(10) 锁定图层 4，在图层 4 上新建一个图层，重命名为 5。在图层 5 的第 10 帧处插入关键帧，从右侧垂线的下端绘制一条向左的、长为 75 的水平线，在第 15 帧处插入关键帧。返回第 10 帧，然后在第 10 帧和第 15 帧之间创建形状补间动画，如图 5-76 所示。

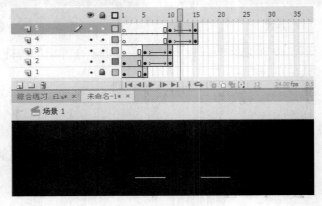

图 5-76　编辑图层 5

(11) 选择"插入"|"新建元件"命令，打开"创建新元件"对话框，在"名称"文本框中输入元件名称 box，类型为"影片剪辑"，单击"确定"按钮完成设置，效果如图 5-77 所示。

图 5-77　"创建新元件"对话框

(12) 在 box 元件的编辑区内绘制一个大小为 150×112.5，颜色为白色的矩形，并将它与编辑区的中心点对齐，效果如图 5-78 所示。

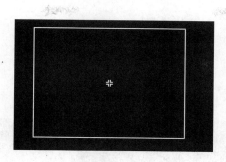

图 5-78　绘制矩形

(13) 返回到场景 1 中，分别将 5 个图层延续到第 80 帧，如图 5-79 所示。

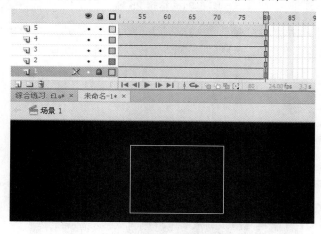

图 5-79　插入普通帧

(14) 在图层 5 的上方新建一图层，命名为 box1，在第 15 帧处插入关键帧，并将 box 元件从图库中拖动到舞台上，与原来的矩形对齐，效果如图 5-80 所示。

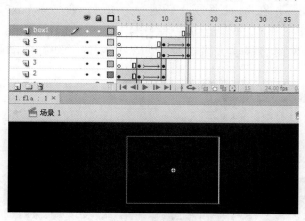

图 5-80　放置实例

(15) 在 box1 图层的第 25 帧处插入关键帧，并将 25 帧中的对象向左移动，如图 5-81 所示。

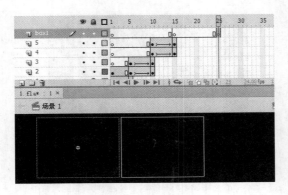

图 5-81　编辑 25 帧

(16) 用鼠标右键单击第 15 帧到第 25 帧之间的任意一帧,在弹出的快捷菜单中选择"创建补间动画"命令,完成运动补间动画的操作,如图 5-82 所示。

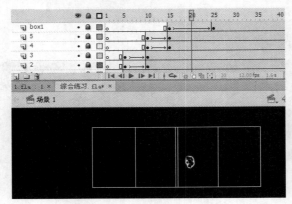

图 5-82　编辑 box1 图层

(17) 锁定 box1 图层,在 box1 图层上新建一个图层,命名为 box2,在第 15 帧处插入关键帧。同样将图库中的 box 元件拖动到舞台中,与中间的矩形对齐,在第 25 帧处插入关键帧,将其中的对象向右移动到合适位置,然后创建运动补间动画,效果如图 5-83所示。

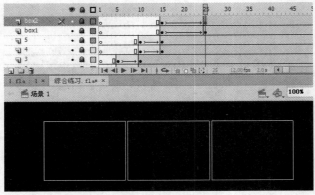

图 5-83　编辑 box2 图层

(18) 在 box2 图层上新建两个图层，命名为 box3 和 box4，分别在两个图层的第 25 帧处插入关键帧，将图库中的 box 元件分别拖动到两个图层的舞台中，与中间的矩形对齐，在第 35 帧处插入关键帧，将 box3 图层中的对象向左移动到合适位置，将 box4 图层中的对象向右移动到合适位置，然后在两个图层中分别创建运动补间动画，如图 5-84 所示。

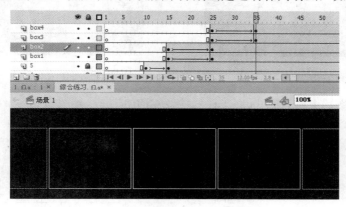

图 5-84　移动元件实例

(19) 选择"插入"|"新建元件"命令，打开"创建新元件"对话框，在"名称"文本框中输入元件名称 p1，类型设置为"影片剪辑"，单击"确定"按钮完成设置，如图 5-85 所示。

(20) 在元件 p1 的编辑区内，通过"文件"|"导入"|"导入到舞台"命令，导入需要的图片，如图 5-86 所示。

图 5-85　"创建新元件"对话框　　　　　　图 5-86　p1 元件

(21) 使用相同的方法分别创建另外 4 个元件 p2、p3、p4、p5，效果如图 5-87～图 5-91 所示。

图 5-87　p2 元件　　　　　　　　　　图 5-88　p3 元件

图 5-89　p4 元件

图 5-90　p5 元件

(22) 返回到场景 1 中，在 box4 图层上创建 5 个图层，分别命名为 p1、p2、p3、p4、p5，在新建的 5 个图层中的第 35 帧处分别插入关键帧，效果如图 5-91 所示。

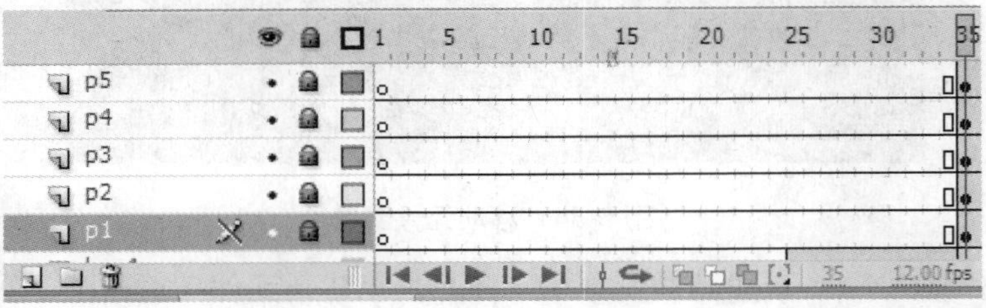

图 5-91　插入关键帧

(23) 将图库中的 p1、p2、p3、p4、p5 五个元件分别拖动到新建的 5 个图层中，元件放入与元件名称一致的图层中，并在 p2～p5 四个图层中的第 45 帧处插入关键帧，如图 5-92 所示。

图 5-92　插入关键帧

(24) 将 p2 图层第 45 帧中的对象向左侧移动到合适位置，并在第 35 帧到第 45 帧之间创建运动补间动画，如图 5-93 所示。

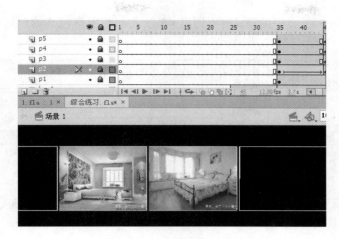

图 5-93　编辑 p2 图层

(25) 将 p3 图层第 60 帧中的对象向右侧移动到合适位置，并在第 50 帧到第 60 帧之间创建运动补间动画，效果如图 5-94 所示。

图 5-94　编辑 p3 图层

(26) 同理，将 p4 图层第 45 帧中的对象向左侧移动到合适位置，p5 图层中的对象向右侧移动到合适位置。并在第 35 帧到第 45 帧之间创建运动补间动画，如图 5-95 所示。

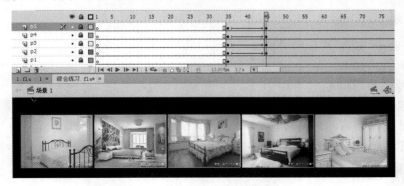

图 5-95　编辑 p4、p5 图层

(27) 将 p4 和 p5 图层中的第 35 帧到第 45 帧之间的所有帧整体向后移动到 45 帧处，如图 5-96 所示。

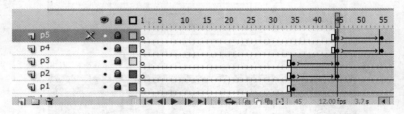

图 5-96 移动帧

(28) 至此，图片展示动画制作完成，通过"文件"|"保存"命令保存文档，使用组合键 Ctrl+Enter 测试影片。

5.7 课后练习

1. 选择题

(1) 运动补间动画的作用对象包括元件实例、群组和( )。
   A. 矢量图　　　　B. 线条　　　　C. 位图　　　　D. 文字
(2) 多个文字要做形状补间动画，需要打散( )次。
   A. 1　　　　　　B. 2　　　　　　C. 3　　　　　　D. 4
(3) ( )是运动补间动画的特殊效果。
   A. 颜色　　　　B. 大小　　　　C. 形状　　　　D. 旋转
(4) ( )是形状补间动画的特殊效果。
   A. 透明度　　　B. 大小　　　　C. 形状　　　　D. 颜色
(5) 形状补间动画的创建方法为( )。
   A. 右击，在弹出的快捷菜单中选择补间动画
   B. 在属性面板中的补间下拉列表框中选择动画
   C. 在属性面板中的补间下拉列表框中选择形状
   D. 以上答案均不对

2. 填空题

(1) 在 Flash CS6 中，动画可分为( )动画和( )动画，( )动画又分为运动补间动画和形状补间动画。
(2) 逐帧动画原理是( )。
(3) 运动补间动画的作用对象必须是( )的不同实例。
(4) 形状补间动画的作用对象是( )。
(5) 矢量图形想做运动补间动画，则必须( )。

3. 上机操作题

(1) 使用运动补间动画制作叠影字效果，设计效果如图 5-97 所示。

(2)　使用运动补间动画制作小球弹跳效果，设计效果如图 5-98 所示。

图 5-97　叠影字

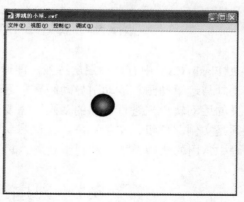

图 5-98　弹跳的小球

(3)　使用形状补间动画制作心的变形效果，设计效果如图 5-99 所示。

图 5-99　形变——心

第6章 特效动画

在 Flash CS6 中有两种图层特效，即运动引导层与遮罩层，通过它们可以创建运动引导层动画与遮罩动画。运动引导动画属于运动补间动画的一种，是可以实现动画对象按照自定义的运动轨迹来进行位移的动画。需要注意的是，在运动引导层动画中，它的作用对象必须是实例、群组、文字对象。在遮罩动画中，必须清楚遮罩层与被遮罩层的关系，这是动画中常用的两种类型，是制作复杂的 Flash 综合动画的基础。

6.1 创建运动引导动画

Flash CS6 中的运动引导动画中有两个比较特殊的图层，即普通引导层和运动引导层，它们统称为引导层。在引导层中可以像其他图层一样绘制各种图形，引入元件等，但最终发布作品的时候，它们不会显示。

6.1.1 普通引导层

普通引导层，主要是为其他层提供辅助绘图和绘图定位的帮助，在实际应用中，普通引导层的使用并不多。

6.1.2 运动引导层

运动引导层，起到设置运动路径的导向作用，使与之相链接的引导层中的对象沿此路径运动。在实际应用中，更多的是利用运动引导层产生特殊的动画效果。

运动引导动画实际上是运动补间动画的特例。它只是运动补间动画加上了运动轨迹的控制。因此绘制的矢量图形，如果不建立群组对象或者转换成元件，同样也无法用于运动引导动画。

引导线就是为图形设定运动路径的线。在引导图层上设置引导线后，引导图层上的对象就会沿着引导线运动。任何有框线的图形(群组等不可以)都可以被设定为引导线。但是，引导线必须被定义在特殊的图层上，也就是引导层，才有意义。引导层上的所有内容只作为对象运动的参考线，而不会出现在作品的最终效果中。

让一个对象沿着固定的运动路径运动，这条路径可以是一条直线，也可以是条曲线，甚至还可以是一条封闭的曲线。

在运动引导图层上绘制运动路径，在引导图层上的起始关键帧和终止关键帧上安排对象的位置，然后创建运动引导动画。

💡 **注意：** 实例的中心位置并不一定全在对象的正中心，Flash 判定对象的中心是根据其所在的元件中心来确定的，在建立新元件的时候注意元件工作区中心都有一个小的十字，而 Flash 认为这是此对象的中心位置，不管对象具体离十字的距离，这就产生了对象"中心"并不全都在对象正中心。

例 6.1　制作"奔跑的猎豹",具体操作步骤如下。

(1) 新建一个文档,将动画的文档尺寸设置为 640×480,背景色设置为白色,如图 6-1 所示。

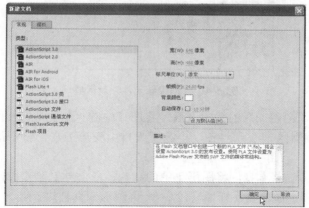

图 6-1　"新建文档"对话框

(2) 选择"插入"|"新建元件"命令,打开"创建新元件"对话框,在此对话框中输入元件名称"猎豹 1",选择元件类型"影片剪辑",单击"确定"按钮,如图 6-2 所示。

图 6-2　"创建新元件"对话框

(3) 进入到元件"猎豹 1"的编辑区后,选择"文件"|"导入"|"导入到舞台"命令,将"猎豹"导入到舞台中,效果如图 6-3 所示。

图 6-3　导入图片后效果

(4) 继续选择"插入"|"新建元件"命令,打开"创建新元件"对话框,在此对话框

中输入元件名称"猎豹2"，选择元件类型"影片剪辑"，如图6-4所示。

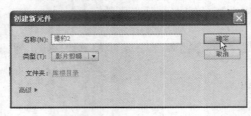

图6-4 "创建新元件"对话框

（5）进入到元件"猎豹 2"的编辑区后，将图库中的"猎豹 1"元件拖放到编辑区中，并将后脚的前端与编辑区中心点对齐，再利用"自由变形工具"将变形中心点移动到后脚上，如图6-5所示。

（6）在图层 1 上新建图层 2，将图层 1 中的猎豹，复制粘贴到新建图层 2 中，位置与图层 1 的位置相同。锁定图层 1，在图层 2 中，将图形垂直翻转，并且下移，效果如图 6-6所示。

图6-5 移动变形中心点

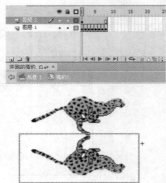

图6-6 复制并编辑新对象

（7）选中图层 2 中的实例，在"属性"面板中设置它的色调值均为 102，如图 6-7所示。

（8）此时，图层 2 中的对象效果，如图6-8所示。

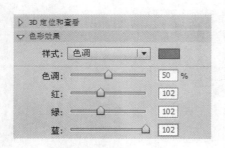

图6-7 调整颜色

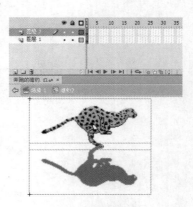

图6-8 调整颜色后效果

(9) 返回场景 1，将图层 1 重命名为"背景"，并导入背景图片，设置图片大小为 640×480，并与舞台重合。在"背景"图层的第 60 帧处插入普通帧，效果如图 6-9 所示。

(10) 新建图层 2，重命名为"树干"。然后分别导入"树干 1"、"树干 2"，调整导入图形的位置，使之与背景图中的树干相重叠，如图 6-10 所示。

图 6-9　导入图片

图 6-10　移动树干

(11) 在"背景"图层上面新建图层 3，命名为"豹"。然后将"猎豹 2"拖入场景中，如图 6-11 所示。

(12) 在"豹"的图层上添加引导层，并在引导层中绘制一条曲线，如图 6-12 所示。

图 6-11　放置元件

图 6-12　绘制运动路径

(13) 将引导层锁定，在"豹"的图层上的第 60 帧处插入关键帧。将第 1 个关键帧中的"豹"实例放在引导线的左侧端点处对齐，将第 2 个关键帧中的"豹"实例放在引导线的右侧端点处对齐。然后创建运动补间动画，如图 6-13 所示。

图 6-13　创建运动补间动画

(14) 到此，动画制作完成。使用组合键 Ctrl+Enter 键测试影片。

6.2　创建遮罩动画

遮罩就是一种范围的设定，它可以方便地确定哪些东西可以显现出来，哪些东西不能显示出来。遮罩层上的对象可以看作是透明的，而其他部分则是不透明的。

被遮罩层在遮罩层的下面，正对遮罩层的对象的部分可看见，其他部分不能看见。被遮罩层的内容就像透过一个窗口显示出来一样，这个窗口的形状就是遮罩层中的内容的形状。当在遮罩层中绘制对象时，这些对象具有透明效果，可以把图形位置的背景显露出来。遮罩层对被遮罩层的影响仅仅体现在可视与不可视上。

一般来说，遮罩层中的对象必须是色块、文字、位图、元件实例或群组对象，线条在遮罩层上是不起作用的，也就是不能对被遮罩层起作用而被遮罩层不管是线条或位图都不限制。

6.2.1　遮罩层的功能

使用遮罩层可以制作出特殊的动画效果，如动态彩虹文字效果等。如果将被遮罩层比作彩虹，当遮罩层静止，而它的颜色还是不断变化的。另外，一个遮罩层可以同时遮罩几个图层，从而产生各种特殊的效果。

6.2.2　遮罩层的创建方式

可以使用以下方式创建遮罩层。

● 鼠标右击图层，在弹出的快捷菜单中选择"遮罩层"命令。

● 鼠标右击图层，在弹出的快捷菜单中选择"属性"命令，在"图层属性"对话框中选择"遮罩层"。

例 6.2　制作闪光效果。具体操作步骤如下。

(1) 新建一个 Flash 文档，设置其文档属性，大小为 500×500，背景色为黑色，如图 6-14 所示。

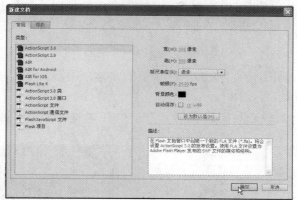

图 6-14　"新建文档"对话框

(2) 选择"插入"|"新建元件"命令，打开"创建新元件"对话框，在此对话框中输入元件名称为"线条"，类型为"影片剪辑"。然后单击"确定"按钮，完成对话框的设置，如图 6-15 所示。

图 6-15　"创建新元件"对话框

(3)在工具箱中选择"线条工具"，在"线条"元件的编辑区内绘制一条直线。然后选中直线，在"属性"面板中设置直线颜色为黄色，线粗为 3，宽为 400，高为 1，X 为 0，Y 为 0，如图 6-16 所示。

图 6-16　"属性"面板

(4) 使用工具箱中的"任意变形工具"将直线的变形中心点拖至直线左端点的下方，如图 6-17 所示。

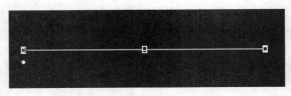

图 6-17 移动变形中心点

(5) 打开"变形"面板，在"旋转"选项后的文本框中输入 10，然后，多次单击"重制选区和变形"按钮，如图 6-18 所示。

(6) 将编辑区中的直线进行多次复制合并后，在编辑区中所呈现的效果，如图 6-19 所示。

图 6-18 设置旋转角度

图 6-19 复制后效果

(7) 选中编辑区中的所有线条，选择"修改"|"形状"|"将线条转换为填充"命令，将选中的线条全部转为填充，如图 6-20 所示。

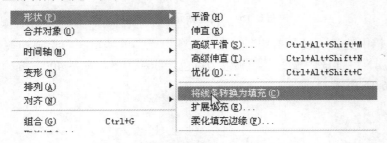

图 6-20 选择"将线条转换为填充"命令

(8) 返回场景 1 中，将"线条"元件拖放到舞台中，与舞台垂直水平居中，在第 60 帧处插入普通帧。单击图层 1 中的对象，将它复制，然后锁定图层 1。在图层 1 上新建一个图层 2，选中图层 2 中的第 1 帧，选择"编辑"|"粘贴到当前位置"命令。如图 6-21 所示。将图层 1 中的对象粘贴到图层 2 中，如图 6-21 所示。

(9) 将图层 2 中的对象选中，选择"修改"|"变形"|"水平翻转"命令。如图 6-22 所示，将选中的对象作变形。

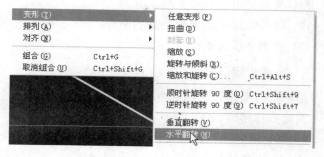

图 6-21 选择"粘贴到当前位置"命令　　图 6-22 选择"水平翻转"命令

(10) 在图层 2 的第 60 帧处插入关键帧，右键单击第 1 帧到第 60 帧之间的任意一帧，在弹出的快捷菜单中选择"创建补间动画"命令，完成运动补间动画的制作，如图 6-23 所示。

(11) 鼠标单击第 1 帧到第 60 帧之间的任意一帧，打开"属性"面板，在"方向"下拉列表框中选择"顺时针"，放置次数为 3 次，如图 6-24 所示。鼠标右键单击图层 2，在弹出的快捷菜单中选择"遮罩层"命令。

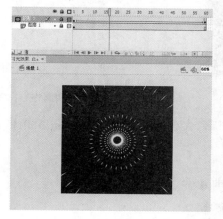

图 6-23 创建运动补间动画

图 6-24 设置旋转

(12) 至此，闪光动画制作完成，使用组合键 Ctrl+Enter 测试影片。

6.3 本章实例——制作毛笔字动画

1. 主要目的

熟练使用运动引导动画及遮罩动画的制作方法。

2．上机准备

(1) 熟练使用工具箱中的工具。

(2) 熟练掌握运动引导动画的制作。

(3) 熟练掌握遮罩动画的制作。

3．操作步骤

最终的效果图，如图 6-25 所示。

具体操作步骤如下。

1）第一部分——设置文档的属性。

(1) 新建 Flash 文档，右击工作区域，在弹出的快捷菜单中选择"文档属性"命令。如图 6-26 所示。

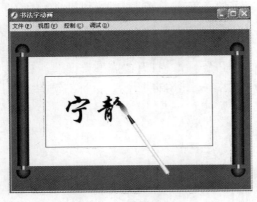 

图 6-25　效果图　　　　　　　　图 6-26　单击"文档属性"命令

(2) 在弹出的"文档设置"对话框中，设置舞台大小为宽 500 像素、高 350 像素、背景颜色为#006563。如图 6-27 所示。

2）第二部分——制作卷轴画。

(1) 选择"插入" | "新建元件"命令，如图 6-28 所示。

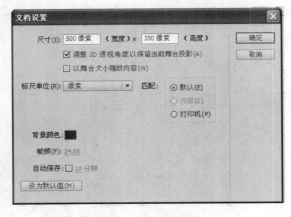 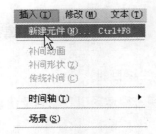

图 6-27　设置文档属性　　　　　　图 6-28　选择"新建元件"命令

（2）在弹出的"创建新元件"对话框中对新建元件命名为"卷轴"，类型为"影片剪辑"，如图 6-29 所示。

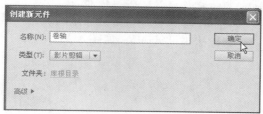

图 6-29　设置"创建新元件"对话框

（3）在"卷轴"元件中绘制一个没有边框线，有填充的宽 25 像素、高 240 像素的矩形。利用"对齐"面板，相对于舞台居中，如图 6-30 所示。

（4）设置矩形的填充色为线性渐变，左端颜色为#000000，中间为#ff0000，右端为#000000。然后按 Ctrl+G 键组合，如图 6-31 所示。

图 6-30　绘制矩形

图 6-31　设置混色器

（5）利用"矩形工具"继续绘制没有边框线的矩形，宽 9 像素，高 14 像素。放置在上一矩形的上端。相对于舞台水平居中，如图 6-32 所示。

（6）设置矩形的填充色为线性渐变，左端颜色为#000000，中间为#ffffff，右端为#000000。然后按 Ctrl+G 键组合，如图 6-33 所示。

图 6-32　绘制矩形

图 6-33　设置颜色

(7) 选中小矩形，按 Ctrl+D 键复制一个，将它放置在大矩形的下端合适位置，然后利用"对齐"面板将它相对于舞台水平居中。如图 6-34 所示。

(8) 利用绘图工具栏中的"椭圆工具"绘制一个正圆，大小为 30×30。填充色为放射状，左侧色块为#ff0000，右侧色块为#000000，如图 6-35 所示。

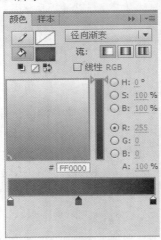

图 6-34 设置矩形位置　　　　　　　　　　　　图 6-35 设置颜色面板

(9) 利用"直线工具"在圆的偏下方绘制一条水平直线，如图 6-36 所示。

(10) 利用"选取工具"，删除多余部分，然后按 Ctrl+G 键将它组合。将它放在矩形上方，然后相对于舞台水平居中，如图 6-37 所示。

(11) 选中半圆，按 Ctrl+D 键复制一个，单击"修改"|"变形"|"垂直翻转"命令，将它移动到矩形的下方，相对于舞台水平居中，如图 6-38 所示。

图 6-36 绘制直线　　　　　图 6-37 设置半圆位置　　　　图 6-38 复制后效果

(12) 返回到场景 1 中，将图层 1 重命名为"左轴"，将卷轴拖动到舞台中，如图 6-39 所示。

(13) 在左轴图层上新建一图层，重命名为"右轴"，如图 6-40 所示。

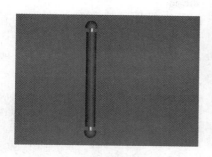

图 6-39　放置卷轴

图 6-40　新建图层

（14）同样，将卷轴拖放到右轴图层中。调整两个轴的位置在舞台中央位置，如图 6-41 所示。

（15）分别在两个图层的第 10 帧处插入关键帧。分别移动两个轴到舞台的两侧，如图 6-42 所示。

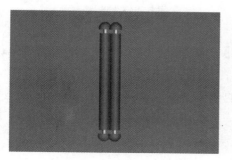

图 6-41　放置左右轴

图 6-42　移动两轴

（16）分别在两个图层的第 1 帧到第 10 帧之间创建运动补间动画，如图 6-43 所示。

（17）在左轴的下方新建一个图层，命名为"纸"。在纸图层上的第 10 帧处插入关键帧，绘制一颜色为#ffffcc，大小为 430×240 的矩形，如图 6-44 所示。

图 6-43　创建运动补间动画

（18）在黄色矩形上再绘制一边框线为黑色，填充色为白色的矩形，大小为 350×155，如图 6-45 所示。

图 6-44　绘制黄色矩形

图 6-45　绘制白色矩形

(19) 将纸图层的第 10 帧移到第 1 帧处。然后在纸图层上新建一图层命名为"遮罩"。舞台效果如图 6-46 所示。

(20) 在遮罩图层上绘制一个没有边框线，颜色任意的矩形，大小为 430×240，如图 6-47 所示。

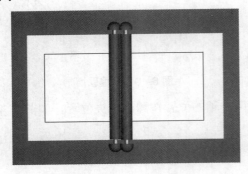

图 6-46 移动第 10 帧效果

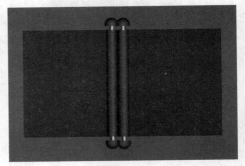

图 6-47 绘制矩形

(21) 在第 10 帧处插入关键帧。鼠标单击第 1 帧，利用"任意变形工具"调整第 1 帧中矩形的大小。按住 Alt 键拖动右侧控制点将它变形至两轴的宽度，如图 6-48 所示(图中卷轴图层以框线形式显示)。

(22) 右击遮罩图层第 1 帧到第 10 帧之间的任何一帧，在弹出的快捷菜单中，选择"创建补间形状"，如图 6-49 所示。

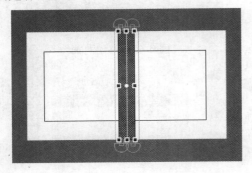

图 6-48 调整矩形宽度

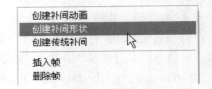

图 6-49 设置形状补间动画

(23) 最后，鼠标右键单击遮罩图层，在弹出的快捷菜单中选择"遮罩层"命令，实现卷轴画的动画效果，如图 6-50 所示。

3) 第三部分——绘制毛笔。

(1) 新建一影片剪辑元件，命名为"毛笔"。在毛笔元件的编辑区中绘制一个没有边框线的矩形。大小为 15×180，相对于舞台垂直水平居中，如图 6-51 所示。

(2) 设置矩形的填充颜色为线性渐变颜色。左侧色块颜色为#ffcc33，中间色块颜色为#ffffff，右侧色块颜色为#ffcc33。按 Ctrl+G 键将它组合，如图 6-52 所示。

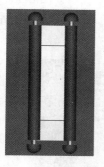

图 6-50　卷轴效果

图 6-51　绘制矩形

图 6-52　设置颜色面板

（3）绘制一个没有边框线的矩形，大小 8×4，填充颜色为线性渐变颜色，左端颜色为 #000000，中间为#ffffff，右端为#000000，然后按 Ctrl+G 键组合，如图 6-53 所示。

（4）将小矩形放置在大矩形的上端，相对于舞台水平居中，如图 6-54 所示。

（5）利用"铅笔工具"在小矩形上绘制一个红线圈，如图 6-55 所示。

图 6-53　设置颜色面板

图 6-54　调整小矩形位置

图 6-55　绘制红线圈

（6）在大矩形的下端绘制一个没有边框线的矩形，大小为 15×30，填充颜色左侧色块为#000000，中间色块为#999999，右侧色块为#000000，如图 6-56 所示。

（7）利用"选取工具"对矩形进行调整，调整为上宽下窄的形状。按 Ctrl+G 键组合，并放置在合适的位置，如图 6-57 所示。

图 6-56　设置"颜色"面板

图 6-57　调整矩形

（8）绘制笔头。利用"椭圆工具"绘制一个椭圆，再利用"直线工具"截去上面一部分，然后填充颜色为放射状，左侧色块颜色为#000000，右侧色块为#cccccc，如图 6-58 所示。

(9) 设置好颜色后，利用"填充变形工具"对所填充的颜色进行调整。然后将笔头放置在下端，效果如图 6-59 所示。

图 6-58 设置颜色面板

图 6-59 调整笔头

4) 第四部分——设置书法文字。

(1) 返回到场景中，在右轴图层上新建一图层，命名为"文字"。在第 11 帧处插入关键帧。然后利用工具输入文本"宁静致远"，如图 6-60 所示。

(2) 选中文本，利用"属性"面板对文本进行修改。设置字体为"华文行楷"，字号为 70，如图 6-61 所示。

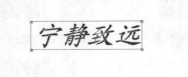

图 6-60 输入文本

图 6-61 设置文本属性

(3) (按 Ctrl+B 组合键两次)将设置好属性后的文本彻底打散，如图 6-62 所示。

(4) 从第 12 帧处开始，使用"橡皮擦工具"，将文字按照笔画相反的顺序，倒退着将文字擦除，每擦一次按 F6 键一次(即插入一个关键帧)，每次擦去多少决定写字的快慢。在第 14 帧处删除后的效果，如图 6-63 所示。

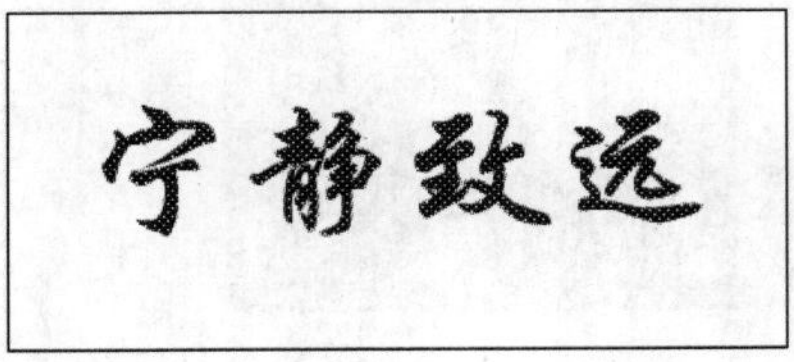

图 6-62 打散文本

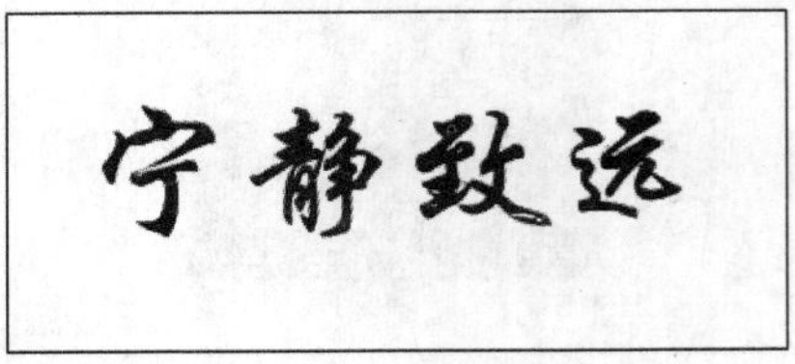

图 6-63 第 14 帧处效果

(5) 利用橡皮擦依次删除笔画到 46 帧处的删除效果如图 6-64 所示。

(6) 一直把所有的书法字都擦完。然后在"文字"图层上，从第 11 帧开始一直到最后一帧全部选择，点击右键在弹出的快捷菜单中选择"翻转帧"命令，将其顺序全部颠倒过来，如图 6-65 所示。

图 6-64 第 46 帧处效果

图 6-65 翻转帧

5) 第五部分——制作毛笔动画。

(1) 在文字图层上面新建一层，命名"毛笔"。在该图层第 11 帧处插入关键帧，然后将毛笔元件从图库中拖放到舞台中，如图 6-66 所示。

(2) 使用"任意变形工具"将其调整到合适的大小和起笔的位置，并将变形中心点移动到毛笔头处，如图 6-67 所示。

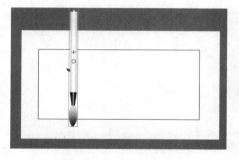

图 6-66 放置毛笔

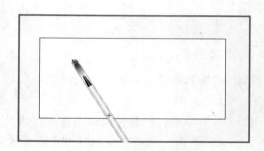

图 6-67 调整毛笔

(3) 依次在 11 帧之后按 F6 插入关键帧，并移动毛笔，使毛笔始终随着笔画最后的位置走。第 13 帧处的效果，如图 6-68 所示。

(4) 依照不同的笔画移动毛笔在 61 帧处的效果，如图 6-69 所示。

图 6-68 第 13 帧毛笔位置

图 6-69 第 61 帧处毛笔位置

(5) 毛笔随着笔画最后的位置走到最后的效果，如图 6-70 所示。

(6) 在毛笔图层的第 101 帧处插入空白关键帧，然后在所有图层的 120 帧处插入普通帧，如图 6-71 所示。

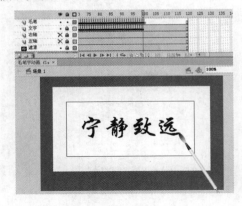

图 6-70　最终效果

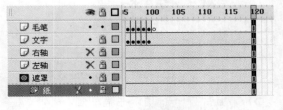

图 6-71　插入帧

(7) 至此，完整的动画已经完成。这时按 Ctrl+Enter 快捷键测试动画，可以看到完整作品的动画效果。测试调整完毕，选择"文件"|"保存"命令保存文档。

6.4　课后练习

1. 选择题

(1) 在遮罩图层上不起作用的对象是(　　)。

　　A. 实例　　　　　B. 矢量图　　　　C. 线条　　　　D. 文字

(2) 以下对于引导层的叙述，其中错误的是(　　)。

　　A. 利用引导层可以制作对象沿着特定的路径运动的动画

　　B. 可以将多个图层与同一个引导层相关联，从而使多个对象沿相同的路径运动

　　C. 引导层中的内容不会显示在最终的动画中

　　D. 在预览动画时，引导层中的引导线将显示在最终的动画中

(3) (　　)对象可以制作引导动画。

　　A. 形状　　　　　B. 文字　　　　　C. 组　　　　　D. 元件实例

(4) 遮罩的制作必须有两层才能完成，下面描述正确的是(　　)。

　　A. 上面的层称为遮罩层，下面的层称为被遮罩层

　　B. 上面的层称为被遮罩层，下面的层称为遮罩层

　　C. 上、下图层均为遮罩层

　　D. 以上答案均不对

(5) 如果想制作运动引导动画，下面说法正确的是(　　)。

　　A. 引导层放在运动对象所在图层的下面

　　B. 引导层放在运动对象所在图层的上面

　　C. 在同一图层上

　　D. 以上答案均不对

2. 填空题

(1) Flash CS6 中共有(　　)个特殊的图层，它们分别是(　　)和(　　)。

(2) 运动引导动画中引导路径必须在(　　)上才起作用。

(3) 引导层是 Flash 中比较特殊的图层，用于辅助其他层对象的运动或定位，包括(　　)和(　　)。

(4) 运动引导动画建立在(　　)基础之上。

(5) 遮罩图层对被遮罩图层的作用仅体现在(　　)。

3. 上机操作题

(1) 使用一个遮罩图层遮罩三个图层，设计效果，如图 6-72 所示。

(2) 使用遮罩图层制作电影文字显示，设计效果如图 6-73 所示。

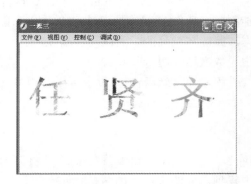

图 6-72　一遮三

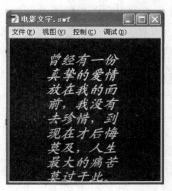

图 6-73　电影文字

(3) 使用引导层制作飞机飞行动画，设计效果如图 6-74 所示。

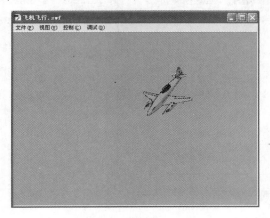

图 6-74　飞机飞行

第7章 声音与视频的编辑

声音是多媒体作品中不可或缺的一种媒介手段。在 Flash CS6 中可以使用多种方法为动画添加声音，这些声音即可以独立于时间轴连续播放，也可以和动画同步播放。在使用声音作为动画组成的一部分时，为了不影响动画在网上的传输性能，选择被导入的声音格式是非常重要的。

7.1 导 入 声 音

Flash CS6 提供了两种类型的声音文件，即事件声音(Event Sounds)和流式声音(Stream sound)。事件声音要在数据完全下载后才能播放，直到有明确的停止命令才会停止播放；而流式声音，只要接收到前几帧的声音数据，就能与动画的时间轴同步播放。

将声音文件导入图库中，可以在文档中无数次地使用。

选择"文件"|"导入"|"导入到库"(或者"导入到舞台")命令可以将声音文件导入 Flash 文档中。

例 7.1 导入 MP3 格式的音乐"Qq 爱"。

具体操作步骤如下。

(1) 选择"文件"|"导入"|"导入到库"(或者"导入到舞台")命令，打开"导入到库"对话框，在"查找范围"下拉列表框中找到需要的声音，如图 7-1 所示。

(2) 选中需要导入的音乐，单击"打开"按钮，如图 7-2 所示。

图 7-1 "导入到库"对话框

图 7-2 选择声音文件

(3) 单击"打开"按钮后，会弹出一个"正在导入"对话框，等待处理完成即可将声音文件导入进来，如图 7-3 所示。

(4) 此时，打开"库"面板，便会看到声音文件"Qq 爱"，即证明声音文件已经导入进来，如图 7-4 所示。

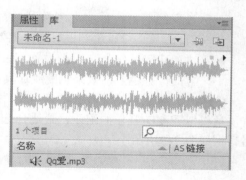

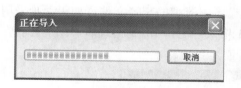

图 7-3　"正在导入"对话框

图 7-4　"库"面板

7.2　设置声音的属性

在 Flash 动画中导入声音文件后，该声音文件首先被放置在"库"中，接下来就是对声音文件的属性进行设置。在"声音属性"对话框中进行声音属性设置，主要是进行声音的压缩，对声音进行压缩的目的就是可以减小 Flash 文件的大小。

"声音属性"对话框中包括 5 种压缩方式，具体介绍如下。

(1) 选择"默认"选项后，会以发布设置或者导出 Flash 播放器对话框中的声音输出设定值为输出依据，如图 7-5 所示。

(2) ADPCM 压缩格式用于设置 8 位或 16 位声音数据。当导入像单击按钮这样的短事件声音时，建议使用 ADPCM 格式设置。选择 ADPCM 格式后，"声音属性"对话框发生变化，我们可以对其中 3 项内容进行设置，如图 7-6 所示。

图 7-5　"默认"格式

图 7-6　ADPCM 格式

- "预处理"：选中"将立体声转换为单声道"复选框可以使双声道转换为单声道声音，从而减小文件的容量。
- "采样率"：用以控制文件的保真度和文件大小。较低的采样率可减小文件的大小，但也会降低声音品质。Flash 不能提高导入声音的采样率。如果导入的音频为 11kHz，即使将它设置为 22kHz，也只是 11kHz 的输出效果；"采样率"选项如下：　5kHz 的采样率仅能达到人们讲话的声音质量；11kHz 的采样率是播放小段声音的最低标准，是 CD 音质的四分之一；22kHz 采样率的声音可以达到 CD

音质的一半，目前大多数网站都选用这样的采样率；44kHz 的采样率是标准的 CD 音质，可以达到很好的听觉效果。

● "ADPCM 位"：用于设置声音输出时的位数转换。一般说来，位数越大，所包含的信息越多，效果也就越逼真，但所占的内存也就越大。

(3) MP3 格式适用于较长的声音文件，以及设定为流型的声音文件，如果动画采用声音质量类似于 CD 音乐的配乐，最适合选用 MP3 格式。选择 MP3 格式后，"声音属性"对话框如图 7-7 所示。

图 7-7 MP3 格式

● "比特率"：用于决定导出的声音文件每秒播放的位数。Flash 支持 8kbps 到 160kbps CBR(恒定比特率)。当导出声音时，需要将比特率设为 16kbps 或更高，以获得最佳效果。

● "品质"：用于设置压缩速度和声音质量。"快速"可以使声音速度加快而使声音质量降低。"中"可以获得稍微慢一些的压缩速度和高一些的声音质量；"最佳"可以获得最慢的压缩速度和最高的声音质量。但是，这三种品质都不会影响文件的大小。

(4) 选择 Raw 格式，该格式不会对声音文件进行压缩，如图 7-8 所示。

(5) 选择"语音"格式，该格式不会对声音文件进行压缩。"语音"压缩选项使用适合于语音的压缩方式导出声音。建议对语音使用 11kHz 比率，如图 7-9 所示。

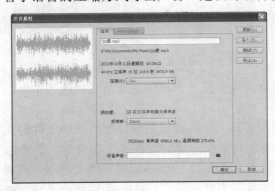

图 7-8 Raw 格式

图 7-9 "语音"格式

设置声音的压缩格式，可以通过以下几种方式调用。

● 鼠标双击"库"面板中的声音图标 ◀×。

● 鼠标右键单击"库"面板中的声音文件，在弹出的快捷菜单中选择"属性"命令。

● 鼠标单击选中"库"面板中的声音文件，然后再单击"库"面板下方的属性按钮 🛈。

7.3　添　加　声　音

当我们导入声音时，声音只会在图库中出现，那么如何将声音加入到影片中呢？声音加入影片的方式一般有两种：一是为帧添加声音；另一种是为按钮添加声音。但无论哪一种都要明确只有关键帧才能被添加声音。如果开始不是关键帧，那么被加载的声音会自动在前面一个关键帧处添加。

7.3.1　为帧添加声音

将声音添加到影片中，可以使用以下几种方式。

● 将图库中的声音文件直接拖放到舞台中。

● 在"属性"面板中"声音"选项组对应的下拉列表框中选择需要添加的声音文件。

例 7.2　将音乐"Qq 爱"添加到第 1 帧。

具体操作步骤如下。

(1) 选择图层 1 中的第 1 帧，如图 7-10 所示。

(2) 打开"属性"面板，在其中的"名称"下拉列表框中选择声音，如图 7-11 所示。

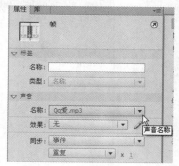

图 7-10　选中第 1 帧　　　　　　图 7-11　选择声音文件

(3) 在第 50 帧处插入普通帧，此时，声音文件波形如图 7-12 所示。

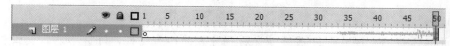

图 7-12　插入普通帧

7.3.2　为按钮添加声音

将声音添加到按钮中，可以使用以下几种方式。

- 将图库中的声音文件直接拖放到舞台中。
- 在"属性"面板中"声音"选项组下对应的下拉列表框中选择需要添加的声音文件。

例 7.3 添加声音按钮。

具体操作步骤如下。

(1) 选择"文件"|"导入"|"导入到库"(或者"导入到舞台")命令,打开"导入到库"对话框,在"查找范围"下拉列表框中进入所需要声音的位置,如图 7-13 所示。

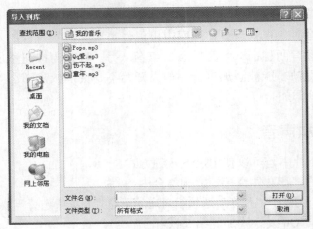

图 7-13 "导入到库"对话框

(2) 选中需要导入的音乐,单击"打开"按钮,如图 7-14 所示。

图 7-14 选择声音文件

(3) 此时,打开"图库"面板,便会看到导入的声音文件,即证明声音文件已经导入进来,如图 7-15 所示。

(4) 打开"按钮"元件,进入到其内部,选择图层 1 中的"弹起"帧,如图 7-16 所示。

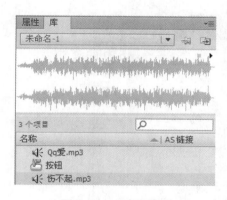

图 7-15　"库"面板

图 7-16　选中第 1 帧

(5) 打开"属性"面板，在其中的"名称"下拉列表框中选择声音，如图 7-17 所示。

(6) 此时，声音文件如图 7-18 所示。

图 7-17　添加声音

图 7-18　添加声音后的效果

注意：　要使按钮的每一个关键帧都关联不同的声音，可以分别为每一个关键帧添加不同的声音图层，并使用不同的声音文件。此外，也可以为按钮的不同关键帧使用相同的声音文件，但为其应用不同的声音效果。

7.4　编辑声音效果

在对声音进行效果设置时，在"效果"下列表框中包括 8 种声音效果，依次介绍如下。

- 无：不使用任何声音效果。选择此项将删除以前应用过的效果。
- 左声道或右声道：仅使用左声道或右声道播放声音。
- 从左到右淡出或从右到左淡出：在两个声道间进行切换。
- 淡入或淡出：播放时声音逐渐加大或逐渐减小。
- 自定义：使用"编辑封套"对话框调整左、右声道声音的高低与变化，如图 7-19 所示。

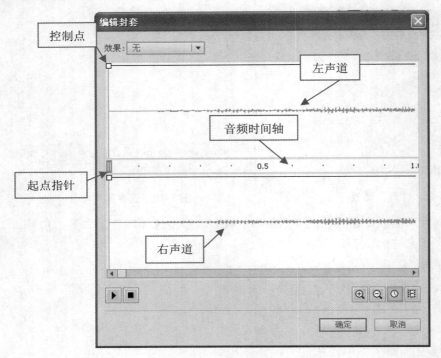

图 7-19 "编辑封套"对话框

以上是对声音效果种类的选择，同时，在"属性"面板中的"同步"下拉列表框中还可以选择一种同步方式，介绍如下。

- 事件：使声音与某个事件同步发生。当动画播放到某个关键帧时，附加到该关键帧的声音开始播放。由于事件声音的播放与动画的时间轴无关，因此，即使动画结束，声音也会完整播放。此外，如果在舞台中添加了多个声音文件，则用户听到的将是最终的混合效果。
- 开始：与事件方式相同，其区别是，如果当前正在播放该声音文件的其他实例，则在其他声音实例播放结束之前，不会播放该声音文件实例。简单地说就是开始方式不支持两个相同的声音一起播放。
- 停止：使指定的声音停止。
- 数据流：在 Web 站点上播放影片时，使影片和声音同步。如果 Flash 不能快速绘制动画帧，将跳过帧。与事件声音不同，流型声音的播放时间完全取决于它在时间轴中占据的帧数，并且影片停止，流式声音也将停止。

在"属性"面板中还可以使用"声音循环"编辑框来设置声音的循环播放次数。如果要连续播放，可以输入一个较大的数值。但是，由于数据流方式声音的播放时间取决于它在"时间轴"控制面板中所占据的帧数，因此，不要将数据流方式声音设置为"循环"，否则，文件的容量将成倍增加。

声音效果的编辑是指声音文件在成功导入动画后，可以根据需要，编辑声音效果，可以使用以下几种方式。

- 在"属性"面板中的"效果"下拉列表框中选择效果。

- 使用"编辑封套"对话框。
- 在"属性"面板中的"同步"下拉列表框中选择。

例 7.4 使用"编辑封套"对话框调整声音。

具体操作步骤如下。

(1) 选中声音所在的帧,即第 1 帧,如图 7-20 所示。

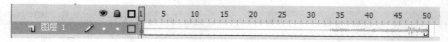

图 7-20 选中第 1 帧

(2) 在"属性"面板中,单击"编辑声音封套"按钮,如图 7-21 所示。

(3) 此时,将弹出"编辑封套"对话框,如图 7-22 所示。

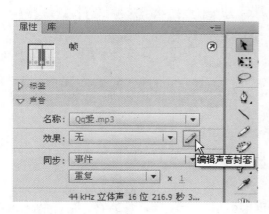

图 7-21 单击"编辑声音封套"按钮

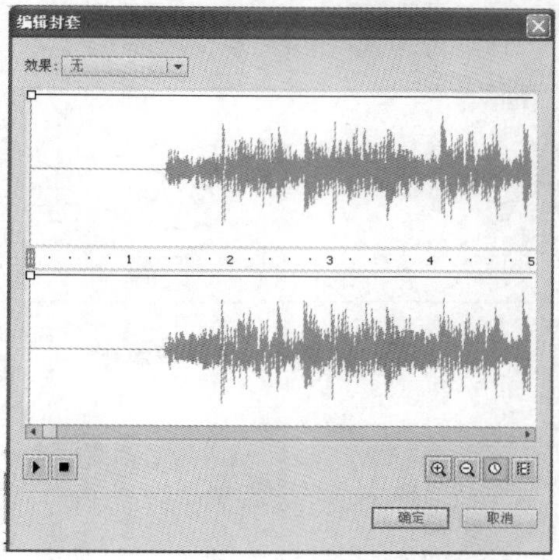

图 7-22 "编辑封套"对话框

(4) 单击"缩小按钮"和"以帧为单位"按钮,此时,波形效果如图 7-23 所示。

(5) 将起点指针拖动到合适位置,将前面部分声音文件截掉,如图 7-24 所示。

图 7-23 调整显示方式

图 7-24 调整起点指针位置

(6) 将终点指针拖动到合适位置，将后面部分声音文件截掉，如图 7-25 所示。

(7) 通过鼠标在左右声道音量控制线上添加控制点来调控声音的大小。然后单击"播放声音"按钮 ▶，可以听到编辑后的声音；如果单击"停止声音"按钮 ■，可以停止播放声音。如果对声音文件的编辑结果满意，就可以单击"确定"按钮完成声音文件的编辑，如图 7-26 所示。

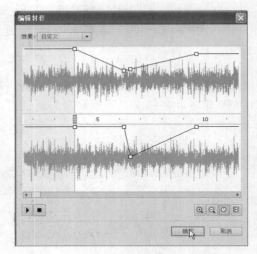

图 7-25　调整终点指针位置　　　　　　图 7-26　调节音量

7.5　视频文件

Flash CS6 支持导入的视频格式有：MPEG(运动图像专家组)、DV(数字视频)、MOV (QuickTime 电影)和 AVI 等。如果系统安装了 QuickTime 4 或更高版本，在 Windows 和 Macintosh 平台就可以导入这些格式的视频。如果 Windows 系统只安装了 DirectX 7(或更高版本)，没有安装 QuickTime，则只能导入 MPEG、AVI 和 Windows 媒体文件(.wmv 和.asf)。一般情况下，可以使用视频转换软件将要导入的视频格式转换为 FLV 格式，然后再导入 Flash 中。

要在 Flash 中播放视频文件，应选择"文件"|"导入"|"导入到库"(或者"导入到舞台")命令将其导入 Flash 文档中。

例 7.5　导入射雕英雄传片头。

具体操作步骤如下。

(1) 选择"文件"|"导入"|"导入到库"(或者"导入到舞台")命令，打开"导入到库"对话框，在"查找范围"下拉列表框中找到所需视频的位置，如图 7-27 所示。

(2) 选中需要导入的视频，单击"打开"按钮，如图 7-28 所示。

(3) 弹出一个"导入视频"对话框，在此对话框中单击"下一个"按钮，如图 7-29 所示。

图 7-27　"导入到库"对话框　　　　　图 7-28　选中视频文件

图 7-29　选择视频

(4) 在弹出的"部署"界面中选中"在 SWF 中嵌入视频并在时间轴上播放"单选按钮。然后单击"下一个"按钮，如图 7-30 所示。

图 7-30　选择部署方式

(5) 在"嵌入"界面中，选中"将实例放置在舞台上"和"如果需要，可扩展时间轴"复选框及"嵌入整个视频"单选按钮。然后单击"下一个"按钮，如图 7-31 所示。

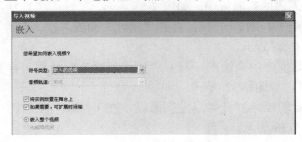

图 7-31　设置嵌入方式

(6) 单击"下一个"按钮后再单击"完成"按钮，此时，将出现"正在处理"提示框，如图 7-32 所示。

(7) 导入过程处理完成后，在舞台上便会出现导入的视频文件，如图 7-33 所示。

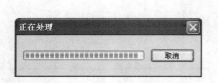

图 7-32　"正在处理"对话框　　　　　图 7-33　导入后效果

7.6　本章实例——导入音乐"Qq 爱"并进行编辑

1．主要目的

练习声音文件的导入及编辑操作。

2．上机准备

(1) 熟练掌握声音文件的导入操作。

(2) 掌握声音文件的压缩操作。

(3) 掌握声音文件的编辑操作。

3．操作步骤

最终的效果如图 7-34 所示。

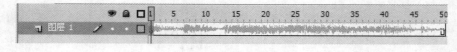

图 7-34　效果图

具体操作步骤如下。

(1) 选择"文件"|"导入"|"导入到库"(或者"导入到舞台")命令，打开"导入"对话框，在"查找范围"下拉列表框中找到所需声音的位置，选中声音，单击"打开"按钮即可将声音文件导入"库"面板中，如图 7-35 所示。

(2) 选中场景中图层 1 的第 1 帧，打开"属性"面板，在"名称"下拉列表框中选择要添加的声音，如图 7-36 所示。

(3) 双击"库"面板中的声波图，打开"声音属性"对话框，在其中设置声音文件的压缩格式为 MP3 格式，如图 7-37 所示。

(4) 选中放置声音的帧，打开"属性"面板，在"同步"下拉列表框中选择同步方式为"数据流"，如图 7-38 所示。

图 7-35　导入声音

图 7-36　添加声音

图 7-37　设置压缩格式

图 7-38　设置同步方式

(5) 单击"效果"下拉列表框后的"编辑声音封套"按钮，打开"编辑封套"对话框，在其中拖动起点指针到所需要的位置，将前面部分截掉，如图 7-39 所示。

(6) 拖动终点指针到所需要的位置，将后面不需要的部分截掉，效果如图 7-40 所示。

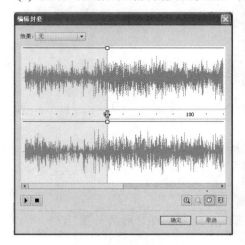

图 7-39　调整起点指针

图 7-40　调整终点指针

(7) 单击"播放声音"按钮 ▶，倾听编辑后的声音；如单击"停止声音"按钮 ■，可以停止播放声音。如果对声音文件的编辑结果满意，就可以单击"确定"按钮完成声音文件的编辑，如图 7-41 所示。

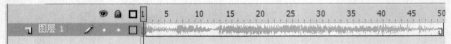

图 7-41　编辑后的声音

7.7　课 后 练 习

1. 选择题

(1) 不能向 Flash 中导入的声音格式为(　　)。

A. WAV　　　　　　B. MOV　　　　　　C. MP3　　　　　D. RM

(2) 在以下选项中，声音封套不能完成的操作有(　　)。

A. 改变声音大小　　　　　　　　　　B. 改变声音播放时间长短

C. 同时控制左右声道　　　　　　　　D. 改变声音格式

(3) 在对声音文件进行压缩时，可以使用 ADPCM 格式、语音格式、原始格式、默认格式、无格式和(　　)格式。

A. MP3　　　　　　B. WAV　　　　　　C. WAM　　　　　D. MOV

(4) 在导出较长的流式声音时，最好采用(　　)格式。

A. ADPCM　　　　　B. 语音　　　　　　C. WAV　　　　　D. MP3

(5) 在为按钮添加声音时，最多可以添加(　　)声音。

A. 1个　　　　　　B. 2个　　　　　　C. 3个　　　　　D. 4个

2. 填空题

(1) Flash CS6 中声音的同步可以分为(　　)、(　　)、(　　)和(　　)。

(2) 在 Flash CS6 中，声音有(　　)和(　　)。

(3) 在 Flash CS6 中，声音都被保存在(　　)中。

(4) 要在动画中应用声音，应该首先(　　)，然后(　　)。

(5) 导出较短的声音文件时，最好使用(　　)压缩格式。

3. 上机操作题

(1) 制作声音按钮，设计效果如图 7-42 所示。

(2) 制作轰炸机，其中包括炸弹爆炸时的声音及水流声，设计效果如图 7-43 所示。

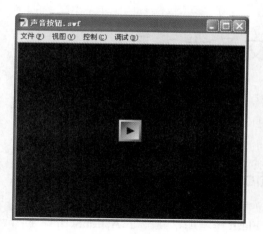

图 7-42　按钮

图 7-43　轰炸机

第 8 章　创建交互式动画

在 Flash CS6 中，利用动作脚本语言可为影片增加交互性、创建动画特效，以及对动画进行更灵活的控制。本章主要介绍动作脚本语言 ActionScript 的设计面板、语法、数据类型、变量与运算符等内容。

8.1　介绍 ActionScript

ActionScript 是 Flash 的脚本语言。正是由于 Flash 中增加、完善了 ActionScript，创作出来的动画才会具有很强的交互性。在简单的动画中，Flash 按顺序播放动画中的场景和帧；而在交互动画中，用户可以使用键盘或鼠标与动画交互，大大增强了用户的参与性，同时也大大增强了 Flash 动画的魅力。例如，可以单击动画中的按钮，使动画跳转到不同部分继续播放；可以移动动画中的对象，如移动你手中的手枪，使射出的子弹准确地击中目标；可以在表单中输入信息，反馈你对公司的意见等。

有了 ActionScript，就可以通过设置动作来创建交互动画。使用 Normal Mode 动作面板上的控件，无需编写任何动作脚本就可以插入动作。如果已经熟悉 ActionScript，也可以使用专家模式动作面板编写脚本。命令的形式可以是一个动作(如命令动画停止播放)，也可以是一系列动作。很多动作的设置只要求有少量的编程经验，而其他一些动作的应用则要求比较熟悉编程语言，用于高级开发。

ActionScript 同样拥有语法、变量、函数等，而且与 JavaScript 类似，它也由许多行语句代码组成，每行语句又是由一些命令、运算符、分号等组成。它的结构与 C\C++或者 Java 等高级编程语言相似。所以，对于有高级编程经验的人来说，学习 ActionScript 是很轻松的。

ActionScript 每一行的代码都可以简单地从 ActionScript 面板中直接调用。在任何时候，对输入的 ActionScript 代码，Flash 都会检查语法是否正确，并提示如何修改。完成一个动画的 ActionScript 编程以后，可以直接在 ActionScript 的调试过程中，检查每一个变量的赋值过程，设置检查带宽的使用情况。

ActionScript 更容易使编程学习者理解面向对象编程中难以理解的对象、属性、方法等名词。

ActionScript 中的对象可以包含数据或作为电影剪辑以图像形式出现在编辑区中。所有的电影剪辑都是预定义类 MovicClip 的实例。每个电影剪辑实例均包含 MovicClip 类的所有属性(如：_height、_rotation、_totaframes)的所有方法(如：gotoAndPlay、loadMovie、startDrag)。

8.2　动作面板的使用

Flash CS6 中的动作面板，如图 8-1 所示。

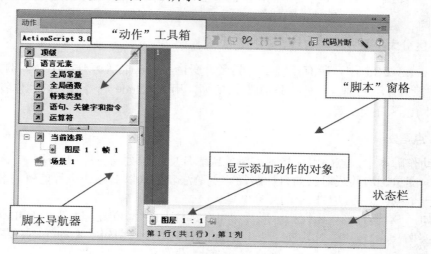

图 8-1　动作面板

动作面板用于创建 ActionScript 代码。动作面板中各选项的功能如表 8-1 所示。

表 8-1　"动作"面板中各选项功能

名　称	图　标	功　能
"动作"工具箱	无	提供用于创建动作相应的 ActionScript 脚本语言
脚本导航器	无	用于浏览 FLA 文件以查找动作脚本代码
"脚本"窗格	无	显示当前正在编辑的 ActionScript 动作脚本
显示添加动作的对象	无	用于显示添加 ActionScript 脚本语言的对象
状态栏	无	用于显示现在正在编辑的语句
将新项目添加到脚本中	🕂	与"动作"工具箱的功能一样，为动画对象或帧添加动作命令
查找	🔍	查找与输入字符串匹配的 ActionScript 语句
插入目标路径	⊕	可以选择相应的影片剪辑元件实例名称添加到当前语句中
检查语法	✓	可以检测当前 ActionScript 语句有没有语法错误
自动套用格式	≣	将当前 ActionScript 语句转换为 Flash 的标准语法结构
显示代码提示	🔢	为当前正在编写 ActionScript 语句添加提示信息
调试选项	80	可设置调试断点

8.3 ActionScript 语法

与任何语言一样，动作脚本语言也具有一定的语法规则才能创建可正确编译和运行的脚本。

1．区分大小写

在 Flash CS6 中，所有关键字、类名、变量、方法名等区分大小写。例如，book 和 Book 被视为互不相同。此外，外部脚本(例如，用 # include 命令导入的动作脚本 2.0 类文件或脚本)也区分大小写。

2．点语法

在动作脚本中，点(.)用于指示与对象或影片剪辑相关的属性和方法，它还用于标识影片剪辑、变量、函数或对象的目标路径。点语法表达式以对象或影片剪辑的名称开头，后面跟着一个点，最后以要指定的元素结尾。

例如，_X 影片剪辑属性指示影片剪辑在舞台上的 X 位置，表达式 ballMC._X 引用影片剪辑实例 ballMC 的_X 属性，ballMC.play()引用影片剪辑实例的 play()方法(移动播放头)。又如，submit 是 from 影片剪辑实例设置的变量，此影片剪辑嵌在影片剪辑 shoppingCart 中。表达式 shoppingCart. From.submit＝true 表示将实例 from 的 submit 变量设置为 true。

点语法还使用两个特殊别名：_root 和_parent。别名_root 是指主时间轴，用户可以使用_root 别名创建一个绝对目标路径。例如，下面的语句调用主时间轴上影片剪辑 functions 中的函数 buildGameBoard()：

```
_root.functions. buildGameBoard();
```

用户可以使用别名_parent 引用当前对象嵌入到的影片剪辑。也可使用_parent 创建相对目标路径。例如，如果影片剪辑 dog_mc 嵌入影片剪辑 animal_mc 的内部，则实例 dog_mc 的如下语句会指示 animal_mc 停止：

```
_parent.stop();
```

3．大括号、分号、小括号

(1) 大括号。

动作脚本事件处理函数、类定义和函数用大括号({})组合在一起形成块，如下面的示例所示：

```
//事件处理函数
On(release){
myDate=newDate();
currentMonth=myDate.getMonth();
}
```

(2) 分号。

动作脚本语句以分号(;)结束，如以下示例所示：

```
Var column=passedDate.getDay();
Var row=0;
```

如果省略了结束分号，Flash 仍然能够成功地编译脚本。但是，使用分号是一个很好脚本习惯。

(3) 小括号(简称括号)。

在定义函数时，要将所有参数都放在小括号中，如以下示例所示：

```
Function myFunction(name,age,reader){
//此处是你的代码
}
```

调用函数时，要将传递给该函数的参数都放在小括号中，如以下示例所示：

```
myFunction("steve",10,true);
```

也可以使用括号改写动作脚本的优先顺序或增强动作脚本语句的易读性，如下例所示：

```
total=(2+4) * 3;
```

也可使用括号计算点语法中点左侧的表达式。例如，在下面的语句中，括号会使 **newColor(this)**计算并创建 Color 一个对象：

```
onClipEvent(enterFrame){
(new Color(this)).setRGB(0xfffff);
}
```

如果不使用括号，则必须添加一个语句来计算该表达式：

```
onCliEvent(enterFrame){
myColor=new Color(this);
myColor setRGB(0xfffff);
}
```

4．注释

通过在脚本中添加注释，将有助于理解用户关注的内容，以及向其他开发人员提供信息。要指明某一行或一行的某一部分是注释，可在该注释前加两个斜杆 // ，如下例所示：

```
On(relese){
//创建新的 Date 对象
myDate=new Date();
currentMonth=myDate.getMonth();
//将分份数转换为月份名称
mounthName=calcMonth(currentMonth);
year= myDate.get FullYear();
currentDate=myDate.getDate();
}
```

如果要"注释掉"脚本的某个部分，可将其放在注释块中，而不是在每行开头添加 // 。为此，应在命令行开头添加 / * ，在末尾添加 * / ，如下例所示：

```
//运行以下代码
var x:Number=15;
Var y:Number=20
//不运行以下代码
/*
On(relese){
//创建新的 Date 对象
myDate=new Date():
currentmounth=myDate.getMonth()
//将分份数转换为月份名称
mounthName=calcMonth(currentMonth);
year= myDate.get FullYear();
currentDate=myDate.getDate();
}
*/
//运行以下代码
Var name:string="my name is"
Var age :Number=20;
```

5. 关键字

动作脚本保留一些单词用于该语言中的特定用途，因此不能将它们用作标识符，例如变量、函数或标签名称。下面列出了所有动作脚本关键字：

break	case	class	continue
default	delete	dynamic	else
extends	for	function	get
if	implemeents	import	in
instanceof	interface	intrinsic	new
private	public	return	set
static	switch	this	typeof
var	void	while	with

6. 常数

常数的值具有始终不变的属性。例如，常数 BACKSPACE、ENTER、QUOTE、RETURN、SPACE 和 TAB 是 Key 对象的属性，指代键盘的按键。若要测试用户是否按下了 Enter 键，可以使用下面的语句：

```
If(Key.get.Code()==key.ENTER){
Alert="Are you ready to play ";
controlMC.gotAndStop(5);
}
```

8.4　ActionScript 的数据类型

数据类型描述变量或动作脚本元素可以包含的信息种类。Flash 中内置了两种数据类型：原始数据类型和引用数据类型。原始数据类型是指字符串、数字和布尔值，它们都有一个常数值，因此可以包含它们所代表的元素的实际值。引用数据类型是指影片剪辑和对象，它们的值可能发生更改，因此它们包含对该元素的实际值的引用。包含原始数据类型的变量与包含引用数据类型的变量在某些情况下的行为是不同的。还有两类特殊的数据类型：空值和未定义。在 Flash 中，任何不属于原始数据类型或影片剪辑数据类型的内置对象(如 Array 或 Math)均属于对象数据类型。

1．字符串

字符串是诸如字母、数字和标点符号等字符的序列。在动作脚本语句中输入字符串的方式是放在单引号或双引号之间。字符串被当做字符，而不是变量进行处理。例如，在下面的语句中，"L7"是一个字符串：

```
favoriteBand="L7";
```

可以使用加法(+)运算符连接或合并两个字符串。动作脚本将字符串前面或后面的空格作为该字符串的文本部分。在下面的表达式中，逗号后有一个空格：

```
greeting="Welcome,"+firstName;
```

若要在字符串中包括引号，请在它前面放置一个反斜杠字符(\)。这就是所谓的将字符转义。在动作脚本中，还有一些只能用特殊的转义序列才能表示的字符。表 8-2 提供了所有动作脚本转义符。

表 8-2　动作脚本转义符

转义序列	字　　符	转义序列	字　　符
\b	退格符(ASCII 8)	\f	换页符(ASCII 12)
\n	换行符(ASCII 10)	\r	回车符(ASCII 13)
\t	制表符(ASCII 9)	\"	双引号
\'	单引号	\\	反斜杠
\000-\377	以八进制指定的字节	\x00-\xFF	以十六进制指定的字节
\u0000-\uFFFF	以十六进制指定的 16Unicode 字符		

2．数字

数字数据类型是双精度浮点数，用户可以使用加(+)、减(-)、乘(*)、除(/)、求模(%)、递增(++)和递减(--)等运算符来处理数字，也可使用内置的 Math 和 Number 类的方法来处理数字。下面使用 sqrt()方法返回数字 100 的平方根：

```
Math.sqrt(100);
```

3．布尔值

在动作脚本中，布尔值经常与逻辑运算符或比较运算符一起使用，以控制程序流程。

例如，在下面的动作脚本中，如果变量 password 为 true，则会播放该 SWF 文件：

```
onClipEvent(enterFrame){
    if(username==true&&password==true){
play();
}
}
```

4．对象

对象是属性和方法的集合。每个属性都有名称和值，属性值可以是任何的 Flash 数据类型，甚至可以是对象数据类型，从而使对象相互包含(即将其嵌套)。要指定对象及其属性，可以使用点(.)运算符。例如，在下面的代码中，hoursWorked 是 weeklyStats 的属性，而后者是 employee 的属性：

```
employee.weeklyStats.hoursWorked
```

此外，可以使用内置对象来访问和处理特定种类的信息。例如，Math 对象具有一些方法，这些方法可以对传递给它们的数字执行数学运算，如下所示：

```
squareRoot=Math.sqrt(100); //将100的平方根赋值给变量squareRoot
```

5．影片剪辑

影片剪辑是 Flash 应用程序中可以播放动画的元件，它是唯一引用图形元素的数据。MovieClip 数据类型允许用户使用 MovieClip 类的方法控制影片剪辑元件。可以使用点(.)运算符调用这些方法，如下所示：

```
mcInstanceName.play();          //插入影片剪辑
mc2InstanceName.nextFrame;      //播放下一帧
my_mc.startDrag(true);          //允许拖动影片剪辑
```

6．Null

空值数据类型只有一个值，即 Null。此值意味着"没有值"，即缺少数据。Null 值可以用在各种情况中。下面是一些示例：

(1) 指示变量尚未接收到值。

(2) 指示变量不再包含值。

(3) 作为函数的返回值，指示函数没有可以返回的值。

(4) 作为函数的参数，指示省略了一个参数。

7．Undefined

未定义的数据类型有一个值，即 undefined，它用于尚未分配值的变量。

8.5 变量与运算符

8.5.1 变量

变量是包含信息的容器。容器本身始终不变，但内容可以更改。通过在 SWF 文件播放时更改变量的值，可以记录和保存用户操作的信息，记录 SWF 文件播放时更改的值，或者计算某个条件是 true 还是 false。

当首次定义变量时，最好为该变量指定一个已知值，这就是所谓的初始化变量，而且通常在 SWF 文件的第一帧中完成。初始化变量有助于在播放 SWF 文件时跟踪和比较变量的值。

变量可以包含任何类型的数据。变量中可以存储的常见类型包括 URL、用户名、数学运算结果、事件发生次数，以及是否单击了某个按钮等。每个 SWF 文件和影片剪辑实例都有一组变量，每个变量都有其各自的值，与其他 SWF 文件或影片剪辑中的变量无关。要测试变量的值，可以使用 trace()动作向"输出"面板发送值。例如，trace(hoursWorked)会在测试模式下将变量 hoursWorked 的值发送给"输出"面板。也可在测试模式下，在调试器中检查和设置变量值。

1．命名变量

变量名称必须遵守下面的规则。
* 它必须是标识符。
* 它不能是关键字或动作脚本文本，例如 true、false、null 或 undefined。
* 它在其范围内必须是唯一的。

此外，不应将动作脚本语言中的任何元素用作变量名称，这样做可能会导致语法错误或意外的结果。例如，如果将一个变量命名为 string，然后尝试使用 new string()创建一个 string 对象，则这一新对象是未定义的。

动作脚本编辑器支持内置类和基于这些类的变量的代码提示。如果需要 Flash 为指定给变量的特定对象类型提供代码提示，则可以精确键入变量或使用特定的后缀为该变量命名。例如，假设键入以下代码：

```
Var members:Array();
Members
```

只要一键入句点(.)，Flash 就会显示可用于 Array 对象的方法和属性的列表。

2．确定变量的范围和声明变量

变量的范围是指变量在其中已知并且可以引用的区域。在动作脚本中有 3 种类型的变量范围。
* 本地变量在声明它们的函数体(由大括号界定)可用。
* 时间轴变量可用于该时间轴上的任何脚本。
* 全局变量和函数对于文档中的每个时间轴和范围均可见。

(1) 本地变量。

要声明本地变量，可在函数体内部使用 Var 语句。本地变量的使用范围只限于它的代码块，它会在该代码块结束时到期。

例如，变量 i 和 j 经常用作循环计数器。在下面的示例中，i 用作本地变量，它只存在于函数 makeDays()的内部：

```
Function makeDays(){
```

```
Var I ;
For (i=0;<monthArray[ month] ;i++);{
_root.Days.attachMovie("DayDisplay",I,i+2000);
_root.Days[ i] .num=i+1;
_root.Days[ i] .-x=column * -root.Days[ i] .-width;
_root.Days[ i] .-y=row * -root.Days[ i] -height;
Colum=colum+1;
If(column==7){
Column=0;
Row=row+1}
}
}
```

　　本地变量也可防止出现名称冲突，名称冲突可能会导致应用程序出现错误。例如，如果使用 name 作为本地变量，则可以使用它在一个上下文中存储用户名，而在另一个上下文中存储影片剪辑实例名称。因为这些变量是在不同的范围中运行的，所以它们不会有冲突。

　　在函数中使用本地变量是一个很好的习惯，这样该函数可以充当独立的代码。本地变量只有在它自己的代码块中才是可更改的。如果函数中的表达式使用全局变量，则在该函数以外也可以更改它的值，这样也更改了该函数。

　　可以在定义本地变量时为其指定数据类型，这有助于防止将类型错误的数据赋给现有的变量。

　　(2) 时间轴变量。

　　时间轴变量可用于该时间轴中的所有帧上都初始化这些变量，应确保首先初始化变量，然后尝试在脚本中访问它。例如，如果将代码"var X=10;"放置在第 20 帧上，则附加到第 20 帧之前的任何帧上的脚本都无法访问该变量。

　　(3) 全局变量。

　　全局变量和函数对于文档中的每一时间轴和范围而言都是可见的。若要创建具有全局范围的变量，应在变量名称前使用_global 标识符，并且不使用 var()=语法。例如，以下代码创建全局变量 myName：

```
Var_global.myName="George";//语法错误_global.myName="George";
```

　　但是，如果使用与全局变量相同的名称初始化一个本地变量，则在处于该本地变量的范围内时对该全局变量不具有访问权限：

```
_global.counter=100;
Counter++;
Trace(counter);//显示 101
Function count(){
For(var counter=0;counter++){
Trace(counter);//显示 0 到 10
}
}
Count();
```

```
Counter++;
Trace(counter);//显示 102
```

3. 在程序中使用变量

必须在脚本中声明变量，然后才能在表达式中使用它。如果使用未声明的变量(如下面示例所示)，该变量的值将是 NaN 或 undefined，并且脚本可能产生意外的结果：

```
Var squared=x * x;
Trace(squared);//NaN
Var x=6;
```

在下面的示例中，声明变量 X 的语句必须排在第一，这样 squared 就可以替换为一个值：

```
Var x=6;
Var squared=x * x;
Trace(squared);//36
```

当用户将未定义的变量传递给方法或函数时，将出现类似的行为：

```
GetURL(myWebSite);//无动作
VarmyWebSite=http://www.macromedia.com;
VarmyWebSite=http://www.macromedia.com
GetURL(myWebSite);//浏览器显示 www.macromedia.com
```

在一个脚本中，可以多次更改变量的值。变量包含的数据类型会影响如何以及何时更改变量，原始数据类型(例如字符串和数字)是按值进行传递的。这意味着变量的实际内容会传递给变量。

在下面的示例中，X 设置为 15，该值会复制到 Y 中。在第三行中将 X 的值更改为 30 后，Y 的值仍然为 15，这是因为 Y 并不会参照 X 来改变它的值；它的值是在第二行中接收到的 X 的值。

```
Var x=15;
Var y=x;
Var x=30;
```

又例如，变量 in Value 包含一个原始值 3，因此实际的值会传递给 sprt()函数，而返回值为 9：

```
Function sprt(x){
Returnx * x;
}
varinValue=3
var out=sqrt(inValue);
```

变量 inValue 的值不会更改。

对象数据类型可以包含大量复杂的信息，所以属于此类型的变量并不包含实际的值，它包含的是对值的引用。这种引用类似于指向变量内容的别名，当变量需要知道它的值时，该引用会查询内容，然后返回答案，而无需将该值传递给变量。

下面是按引用进行传递的实例：

```
Var myArray=[ "tom","josie"] ;
var newArray=myArray;
my Array [ 1] ="jack";
trace(newArray);
```

上面的代码创建了一个名为 myArray 的数组对象，它包含两个元素，然后创建了变量 newArray，并向它传递了对 myArray 的引用。当 myArray 的第二个元素变化时，它将影响引用它的每个变量。Trace()动作会向"输出"面板发送 tom。

在下面的示例中，myArray 包含一个数组对象，因此它会按引用传递给函数 zeroArray().，zeroArray()函数会更改 myArray 中数组的内容。

```
Function zeroArray(theArray){
Var I;
For(i=0;i< theArray.;length;i++){
theArray[ i] =0;
}
}
Var myArray=newArray()
myArray[ 0]  =1
myArray[ 1] =2;
myArray[ 2] =3;
zeroArray(myArray);
```

函数 zeroArray()会将数组对象作为参数来接受，并将该数组的所有元素设置为 0，因为该数组是按引用进行传递的，所以该函数可以修改它。

8.5.2 运算符

运算符是指定如何组合、比较或修改表达式的值的字符。运算符对其执行运算的元素称为操作数。例如，数学表达式使用数值运算符操作使用的值。运算符字符的示例包括 +、<、* 和 =。表达式由运算符和操作数组成，是代表值的 ActionScript 元件的任意合法组合。操作数是代码中运算符对其执行动作的那部分内容。例如，在表达式 x + 2 中，x 和 2 是操作数，而 + 是运算符。

1. 数值运算符

在 ActionScript 中，可以使用数值运算符来对值进行加、减、乘、除运算，如表 8-3 所示。可以执行不同种类的算术运算。最常见的一种运算符是递增运算符，其常见形式为 i++。可以使用此运算符来做许多事情。可以在操作数前面或后面添加递增运算符。在下面的示例中，age 首先递增，然后再与数字 30 进行比较：

```
If(++age>=30)
```

在下面的示例中，age 在执行比较之后递增：

```
If(age++>=30)
```

表 8-3　数值运算符表

运算符	执行的运算	运算符	执行的运算
+	加法	%	求模
-	减法	++	递增
*	乘法	--	递减
		除法		

2．关系运算符

关系运算符有两个操作数，它比较两个操作数的值，然后返回一个布尔值。这些运算符最常用于循环语句中。表 8-4 列出了动作脚本关系运算符。

在下面的示例中，如果变量 score 为 100，则加载特定的 SWF 文件；否则半加载另外一个 SWF 文件：

```
If(score>100){
loadMovieNum("winner.swf",5);
} else{
loadMovieNum("loser.swf",5);
}
```

表 8-4　关系运算符

运算符	执行的运算	运算符	执行的运算
>	大于	<	小于
>=	大于或等于	<=	小于或等于

3．字符串运算符

"+"运算符在处理字符串时会有特殊效果；它会将两个字符串操作数连接起来。例如，下面的语句会将"Good"连接到"morning"：

```
"Good"+" morning";
```

结果是"Good morning"。如果"+"运算符的操作数只有一个是字符串，则 Flash 会将另一个操作数转换为字符串。

4．逻辑运算符

逻辑运算符对布尔值进行比较，然后返回第三个布尔值。例如，如果两个操作数都为 true，则逻辑"与"运算符将返回 true。如果其中一个或两个操作数为 true，则逻辑"或"运算符将返回 true。表 8-5 列出了动作脚本逻辑运算符。

逻辑运算符通常与关系运算符结合使用，以确定 if 语句的条件。例如，在下面的动作脚本中，如果两个表达式都为 true，则将执行 if 语句：

```
if(i>10&&_framesloaded>50)    play();
```

表 8-5　逻辑运算符

运算符	执行的运算	运算符	执行的运算	运算符	执行的运算
&&	逻辑"与"	//	逻辑"或"	!	逻辑"非"

5．按位运算符

按位运算符在内部处理浮点数，将它们转换为 32 位整型。执行的确切运算取决于运算符，但是所有的按位运算都会分别计算 32 位整型的每个二进制位，从而计算新的值。表 8-6 列出了动作脚本按位运算符。

表 8-6　按位运算符

运算符	执行的运算	运算符	执行的运算
&	按位"与"	^	按位"异或"
|	按位"或"	~	按位"非"
<<	左位移	>>>	右移位填零
>>	右位移		

6．等于运算符

可以使用等于运算符确定两个操作数的值或标识是否相等。这一比较运算会返回一个布尔值。如果操作数为字符串、数字或布尔值，它们会按照值进行比较。如果操作数为对象或数组，它们将按照引用进行比较。例如，下面的代码会将 x 与 2 进行比较：

```
if(x==2)
```

严格等于运算符与等于运算符相似，但是有一个很重要的差异：严格等于运算符不执行类型转换。如果两个基本点操作数属于不同的类型，严格等于运算符会返回 false。严格不等于运算符会返回严格等于运算符的相反值。表 8-7 列出了动作脚本等于运算符。

表 8-7　等于运算符

运算符	执行的运算	运算符	执行的运算
==	等于	===	严格等于
!=	不等于	!==	严格不等于

7．赋值运算符

可以使用赋值运算符为变量赋值，如下例所示：

```
var password=:"hexiao";
```

还可以使用赋值运算符给同一表达式中的多个变量赋值。在下面的语句中，a 的值会被赋予变量 b、c、d：

```
a=b=c=d;
```

也可以使用复合赋值运算符联合多个运算：复合运算符可以对两个操作数都进行运算，然后将新值赋予第一个操作数。例如，下面两个语句是等效的：

```
x+=15;
x=x+15
```

赋值运算符也可以用在表达式的中间。表 8-8 列出了动作脚本赋值运算符。

表 8-8　赋值运算符

运算符	执行的运算	运算符	执行的运算	运算符	执行的运算
=	赋值	%=	求模并赋值	>>>=	右移位填零并赋值
+=	相加并赋值	/=	相除赋值	^=	按位"异或"并赋值
-=	相减赋值	<<=	按位左移位并赋值	|=	按位"或"并赋值
*=	相乘赋值	>>=	按位右移位并赋值	&=	按位"与"并赋值

8．点运算符和数组访问运算符

可以使用点运算符(.)和数组访问运算符([])来访问内置或自定义的 ActionScript 属性。点运算符用于将一个对象中的特定的目标索引设定为目标。例如，如果有一个包含某些用户信息的对象，则可以在数组访问运算符中指定一个特定的键名来检索用户的姓名，如下面的 ActionScript 所示：

```
var someUser:Object = {name:"Hal", id:2001};
trace("User's name is: " + someUser["name"]); // 用户的姓名是：Hal
trace("User's id is: " + someUser["id"]); // 用户的 ID 是：2001
```

例如，下面的 ActionScript 使用点运算符设置对象内特定的属性：

```
myTextField.border = true;
year.month.day = 9;
myTextField.text = "My text";
```

点运算符和数组访问运算符非常类似。点运算符将标识符作为其属性，而数组访问运算符则会将其内容计算为名称，然后访问该已命名属性的值。数组访问运算符使您能够动态地设置和检索实例名称和变量。

8.6　给 Flash 添加动作脚本

在 Flash 中能够添加动作脚本的只有 3 个对象：关键帧、按钮和影片剪辑。其他地方是不可以添加动作脚本的，否则会引起 Flash 出错。下面就具体介绍怎样为这 3 个对象添加代码。

8.6.1　给关键帧添加代码

能够添加代码的可以是有对象的关键帧也可以是空白关键帧。加载关键帧时即可运行控制代码。时间轴中选中要添加代码的关键帧或空白关键帧，然后打开"动作"面板，直接在控制面板中输入代码即可。

例 8.1　制作画线动画。

具体操作步骤如下。

(1) 新建 Flash 文档，使用 F9 键打开"动作"面板，如图 8-2 所示。

(2) 鼠标单击图层 1 的第 1 帧，即关键帧，将它选中，如图 8-3 所示。

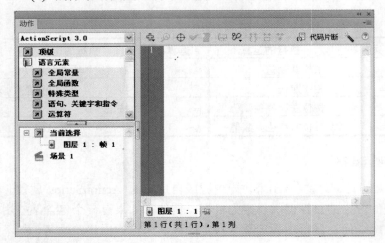

图 8-2 "动作"面板   图 8-3 选中第 1 帧

(3) 在"动作"面板的"脚本"窗格中输入以下代码：

```
_root.onMouseMove=function(){                        //侦听鼠标移动
    _root.onMouseDown=function(){                    //侦听鼠标左键按下
        line=true;                                    //变量为布尔值，并赋值为真
        _root.moveTo(_root._xmouse,_root._ymouse)    //将当前绘画位置移动到鼠标位置
    }
    _root.onMouseUp=function(){                       //侦听鼠标左键释放
        line=false;                                   //变量为布尔值，并赋值为假
    }
    if(line){
        _root.lineStyle(5, 0xff00ff, 100, true,
                        "none", "round", "miter", 1); //设置线条属性
        _root.lineTo(_root._xmouse,_root._ymouse);    //绘制线条
    }
}
```

💡 注意：　本例用到了侦听，侦听是一种重要的处理事件的方法。其含义是当 Flash 中
发生了特定的事件时指示 Flash 做某事。例如，这个例子中鼠标左键按下时
侦听代码如下：

```
_root.onMouseDown=function(){
line=true;
_root.moveTo(_root._xmouse,_root._ymouse)
}
```

就是当使用者按下鼠标左键时，执行语句内的代码，将 line 的值设置为逻辑真，把绘图的位置移动到当前鼠标的位置。

本例还用到了影片剪辑的绘画方法，lineStyle、lineTo 和 moveTo。lineTo 的用法如下：

```
_root.lineTo(_root._xmouse,_root._ymouse);
```

它表示使用当前线条样式从当前绘画位置向(_root._xmouse,_root._ymouse)绘制线条，当前绘画位置随后被设置为(_root._xmouse,_root._ymouse)。

8.6.2　给按钮添加代码

按钮是实现动画与使用者之间互动的重要媒介。实现与使用者的交互操作。

鼠标单击舞台中的按钮对象，然后打开"动作"面板，在控制面板中输入代码即可。

例 8.2　制作按钮控制舞台中的动画效果。

具体操作如下。

(1) 新建一个 Flash 文档，在场景中单击鼠标右键，在弹出的快捷菜单中选择"文档属性"命令，在弹出的"文档设置"对话框中设置文档的背景颜色为 66CCFF，大小为 500×400。然后单击"确定"按钮，如图 8-4 所示。

(2) 选择"插入"|"新建元件"命令，打开"创建新元件"对话框，在"创建新元件"对话框中输入名称为 cir，类型为"影片剪辑"，然后单击"确定"按钮，如图 8-5 所示。

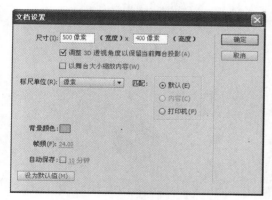
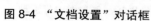

图 8-4　"文档设置"对话框

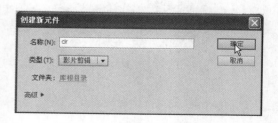

图 8-5　"创建新元件"对话框

(3) 在 cir 影片剪辑的编辑区内绘制一个圆。将绘制好的圆选中，打开"对齐"面板，将圆与中心点水平、垂直居中，如图 8-6 所示。

(4) 打开"颜色"面板，将笔触颜色设置为"无"，填充颜色设置为"径向渐变"类型，如图 8-7 所示。

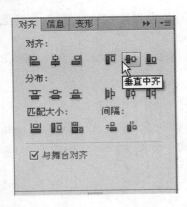

图 8-6 "对齐"面板

图 8-7 "颜色"面板

(5) 鼠标单击"场景 1",返回到场景中,如图 8-8 所示。

(6) 选择"窗口"|"库"命令,打开"库"面板,将 "库"面板中的 cir 影片剪辑元件拖放到舞台中,如图 8-9 所示。

图 8-8 返回场景 1

(7) 在图层 1 的第 30 帧处插入关键帧,并将第 30 帧处 的对象移动到舞台下方,鼠标右键单击第 1 帧到第 30 帧之 间的任意一帧,在弹出的快捷菜单中选择"创建补间动画"命令,使舞台上的对象做一个 位移运动,如图 8-10 所示。

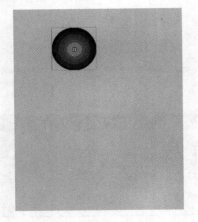

图 8-9 将 cir 元件拖放到舞台中

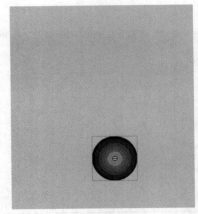

图 8-10 对象做位移运动

(8) 鼠标单击"时间轴"图层区的"插入图层"按钮,在图层 1 上方新建一个图层 2, 如图 8-11 所示。

图 8-11 新建图层 2

(9) 选择"窗口"|"公用库"|Buttons 命令,打开公用的按钮库,如图 8-12 所示。

（10）在打开的"公用库"中选择 playback rounded 类型中的按钮，将它们拖动到舞台中，放在合适的位置，如图 8-13 所示。

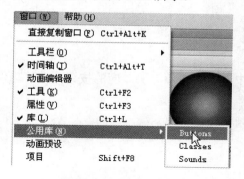

图 8-12　选择 Buttons 命令

图 8-13　放置按钮

（11）鼠标单击工具箱中的"文本工具"，在"属性"面板中设置"文本工具"的属性，字体为"宋体"，大小 16，颜色为 0000FF，"加粗"显示，如图 8-14 所示。

（12）在舞台上单击鼠标左键，在文本框中输入文本"播放"，并将它拖动到播放按钮的上方，如图 8-15 所示。

图 8-14　设置文本

图 8-15　添加"播放"文本

（13）同理，分别在其他 3 个按钮上输入相应的文字说明，如图 8-16 所示。

（14）将界面设置完成后，鼠标单击舞台中"播放"对应的按钮，将它选中，如图 8-17 所示。

图 8-16　添加其他文本

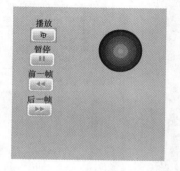

图 8-17　选中"播放"对应的按钮

(15) 选择"窗口"|"动作"命令(或者使用快捷键 F9),将"动作"面板打开,在动作面板的"脚本"窗格中输入以下语句,如图 8-18 所示。

```
on (release) {
    play();
}
```

(16) 依照上面的做法,在场景的舞台中选中"暂停"所对应的按钮,在"动作"面板中输入以下脚本语言,如图 8-19 所示。

```
on (release) {
    stop();
}
```

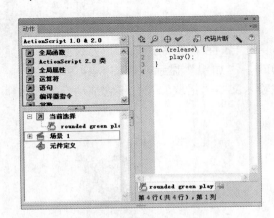

图 8-18 输入"脚本"语句

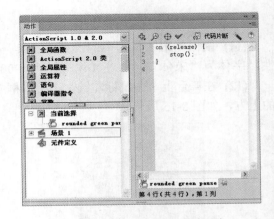

图 8-19 输入"暂停"脚本语句

(17) 同样,在场景的舞台中选中"前一帧"所对应的按钮,在"动作"面板中输入以下脚本语言,如图 8-20 所示。

```
on (release) {
    prevFrame();
}
```

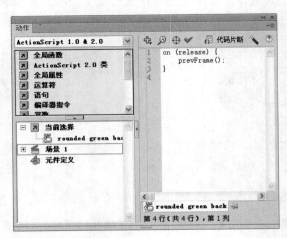

图 8-20 输入"前一帧"脚本语句

(18) 同样，在场景的舞台中选中"后一帧"所对应的按钮，在"动作"面板中输入以下脚本语言，如图 8-21 所示。

```
on (release) {
    nextFrame();
}
```

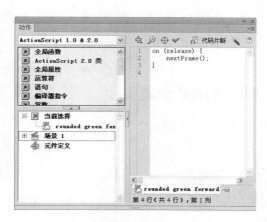

图 8-21　输入"后一帧"脚本语言

至此，本例的制作全部完成，在主菜单中选择"控制"|"测试影片"命令(或使用组合键 Ctrl+Enter)，预览其效果。

8.6.3　给影片剪辑添加代码

给影片剪辑添加代码的方法与给按钮添加代码的方法相同。可以实现与使用者的交互操作。

鼠标单击舞台中的影片剪辑对象，然后打开"动作"面板，在"动作"面板中输入代码即可。

例 8.3　给影片剪辑添加代码，具体操作步骤如下。

(1) 新建一个 Flash 文档，在场景中单击鼠标右键，在弹出的快捷菜单中选择"文档属性"命令，在弹出的"文档设置"对话框中设置文档的背景颜色为 66CCFF，大小为 500×400。然后单击"确定"按钮，如图 8-22 所示。

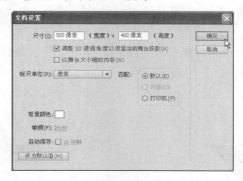

图 8-22　"文档设置"对话框

(2) 选择"插入"|"新建元件"命令，打开"创建新元件"对话框，在"创建新元

件"对话框中输入名称为"五角星",类型为"影片剪辑",然后单击"确定"按钮,如图 8-23 所示。

(3) 在"五角星"影片剪辑的编辑区内绘制一个蓝色的五角星。将绘制好的五角星选中,打开"对齐"面板,将圆与中心点水平、垂直居中,如图 8-24 所示。

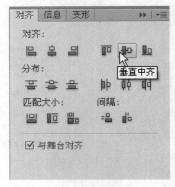

图 8-23 "创建新元件"对话框   图 8-24 "对齐"面板

(4) 鼠标单击"场景 1",返回到场景中。

(5) 选择"窗口"|"库"命令,打开"库"面板,将"库"面板中的"五角星"影片剪辑元件拖放到舞台中,如图 8-25 所示。

(6) 选择工具箱中的"文本工具",然后打开"属性"面板,将文本的类型修改为"动态文本"类型,如图 8-26 所示。

图 8-25 将"五角星"拖放到舞台中   图 8-26 修改文本属性

(7) 在"五角星"元件实例的上方,拖动鼠标,绘制出一个动态文本框,效果如图 8-27 所示。

(8) 鼠标单击舞台中的"五角星"元件实例,将它选中,如图 8-28 所示。

图 8-27 绘制动态文本   图 8-28 选中"五角星"

(9) 选择"窗口"|"动作"命令(或者使用快捷键 F9)，将"动作"面板打开，在动作面板的"脚本"窗格中输入以下语句：

```
onClipEvent (mouseDown) {
    _root.showtxt1 = "注意：您按下了鼠标左键！";
}
onClipEvent (mouseUp) {
    _root.showtxt1 = "注意：您释放了鼠标左键！";
}
onClipEvent (mouseMove) {
    _root.showtxt1 = "注意：您在移动鼠标！";
}
onClipEvent (enterFrame) {
    if (Key.isDown(Key.LEFT)) {
        this._x = _x-10;
        _root.showtxt1 = "注意：您按下了左方向键，五角星向左移动！";
    } else if (Key.isDown(Key.RIGHT)) {
        this._x = _x+10;
        _root.showtxt1 = "注意：您按下了右方向键，五角星向右移动！";
    } else if (Key.isDown(Key.DOWN)) {
        this._y = _y+10;
        _root.showtxt1 = "注意：您按下了下方向键，五角星向下移动！";
    } else if (Key.isDown(Key.UP)) {
        this._y = _y-10;
        _root.showtxt1 = "注意：您按下了上方向键，五角星向上移动！";
    }
}
```

至此，本例的制作全部完成，在主菜单中选择"控制"|"测试影片"命令(或使用组合键 Ctrl+Enter)，预览其效果。

注意： 本例通过对"影片剪辑"元件代码的添加，实现了对舞台中对象的控制。onClipEvent()是处理"影片剪辑"元件的函数，mouseMove、mouseDown、mouseUp 是影片剪辑上的鼠标事件，分别表示移动鼠标、按下鼠标、释放鼠标事件。enterFrame 也是"影片剪辑"事件，它表示当前每次剪辑计算机上的内容时都触发该事件。Key.isDown 是键盘类的方法，其使用方法为 Key.isDown(keycode)，如果键入 keycode 指定的键值则返回 true；否则，返回 false。Key.DOWN、Key.UP、Key.LEFT、Key.RIGHT 分别表示键盘上的 4 个方向键。

8.7　ActionScript 的应用

在 Flash CS6 中有一些经常用到的简单的脚本语言，通过它们可以交互地控制动画的播放等效果。

8.7.1　矩形工具

动画一旦开始播放，就将沿着时间轴逐帧播放，当插入到最后一帧后，将跳转到动画的第 1 帧循环播放。在 Flash 中，可以使用命令 play 和 stop 来控制声音在某一帧开始或结束时播放。

播放和停止的动作脚本可以作用于时间轴的关键帧上，也可以控制播放或停止。

通过"动作"面板来编辑脚本中的控制播放或停止的语句可以控制动画的播放或停止。

例 8.4　控制动画的播放和停止。

具体操作步骤如下。

(1) 新建一个 Flash 文档，使用工具箱中的"椭圆工具"在场景中绘制一个没有边框线的蓝色的圆，如图 8-29 所示。

(2) 鼠标单击第 30 帧处，插入空白关键帧，然后在对应的舞台上绘制一个设有边框线的红色五角星，如图 8-30 所示。

图 8-29　绘制圆　　　　　　　　　　图 8-30　绘制五角星

(3) 选中第 1 帧到第 30 帧之间的任意 1 帧，右击弹出快捷菜单，选择"创建补间形状"命令，如图 8-31 所示。

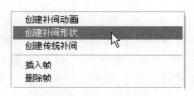

图 8-31　选择"创建补间形状"命令

(4) 锁定图层 1，在图层 1 上新建一个图层 2。打开"公用库"面板中的"按钮"图库，从中拖出两个按钮放在图层 2 的第 1 帧的舞台上，并用"文本工具"为每个按钮标识名称，如图 8-32 所示。

播放

停止

图 8-32　编辑按钮

（5）单击第 1 帧舞台中"播放"对应的按钮，并打开"动作"面板，在"动作"面板的脚本窗格中输入代码，如图 8-33 所示。

（6）单击第 1 帧舞台中"停止"对应的按钮，并打开"动作"面板，在"动作"面板的脚本窗格中输入代码，如图 8-34 所示。

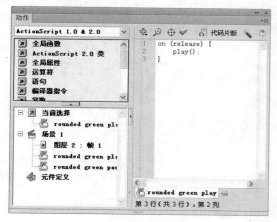

图 8-33　给播放按钮添加代码

图 8-34　给停止按钮添加代码

（7）单击图层 2 的第 1 帧，打开"动作"面板，在"动作"面板的脚本窗格中输入代码，如图 8-35 所示，使动画在开始播放时为停止状态。

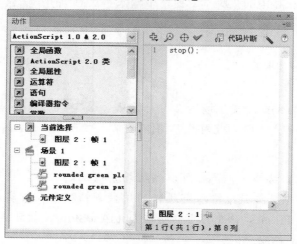

图 8-35　给第 1 帧添加代码

注意：　在 Flash 动画中控制动画插入主要是对按钮来进行设置，而 Flash 动画中控制动画停止主要是对按钮和当前关键帧进行设置，所以上面例子中介绍在关键帧和按钮上如何编辑脚本语句来控制动画的停止。

8.7.2　跳转到一个帧或是动画场景

在动画中，我们可以通过按钮控制当前动画跳转到某一个帧，或者跳转到动画中的某一个场景。

可以通过"动作"面板来编辑脚本中的跳转语句实现动画的跳转功能。

例 8.5 跳转动画，具体操作步骤如下。

(1) 在场景 1 中制作一个由大变小的运动补间动画，并在第 30 帧处添加脚本的停止语句。在图层 2 中放置控制按钮，如图 8-36 所示。

(2) 在场景 2 中制作一个沿曲线运动的引导动画，如图 8-37 所示。

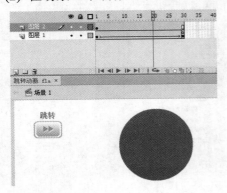

图 8-36　舞台中的对象

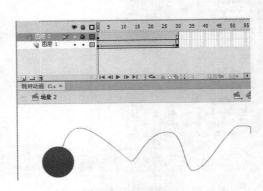

图 8-37　引导动画

(3) 在场景 1 的舞台中选择"跳转"对应的按钮，打开动作面板，在其中的"脚本"窗格中输入脚本语句：

```
on (release) {
    gotoAndPlay("场景 2", 3);
}
```

此项命令用于设置动画跳转到场景 2 并开始从场景 2 的第 3 帧开始插入动画。此时，"动作"面板如图 8-38 所示。

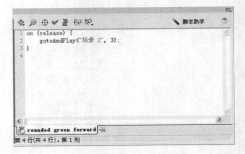

图 8-38　"动作"面板

注意： 在 Flash 动画中，不但可以实现场景之间的跳转，也可以实现场景内的跳转，只要在参数中输入要跳转的帧数或帧标签即可实现场景内的跳转。另外，在 Flash 动画中，可以通过 gotoAndStop 函数来实现动画的跳转并实现停止播放的功能。

8.7.3　跳转到不同的 URL

实现与网络的链接，可以使用以下方式。

● 为文字添加链接，可以在文本的"属性"面板中输入链接地址。

● 为按钮添加链接，可以在"动作"面板中编辑脚本语句。

例 8.6 跳转到 URL。具体操作步骤如下。

(1) 使用工具箱中的"文本工具"，在舞台中输入文本"hao123 网"，然后选中文本框，在"属性"面板中编辑所要链接的网址，即可完成文本的超链接，如图 8-39 所示。

(2) 选择"插入"|"新建元件"命令，打开"创建新元件"对话框，在此对话框中输入元件名称"网址"，元件类型为"按钮"，单击"确定"按钮完成设置，如图 8-40 所示。

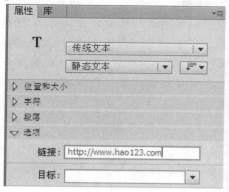

图 8-39　"属性"面板

图 8-40　"创建新元件"对话框

(3) 在"网址"按钮元件内部，将图层 1 重新命名为"形状"。使用"矩形工具"绘制一个圆角矩形，并在"按下"帧处插入普通帧，如图 8-41 所示。

(4) 在"形状"图层上新建一个图层，并重命名为"文字"。在"文字"图层的弹起帧中，利用"文本工具"输入文本"百度网"，效果如图 8-42 所示。

图 8-41　绘制圆角矩形

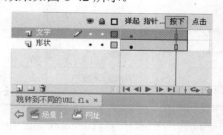

图 8-42　编辑文本

(5) 返回到场景 1 中，将图库中的"网址"元件拖放到舞台中，并将此元件实例选中。打开"动作"面板，在其中输入代码，如图 8-43 所示。

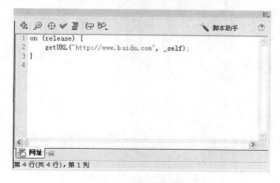

图 8-43　"动作"面板

注意： 在 Flash 动画中，实现跳转到不同的 URL 时，使用了 getURL 命令，此命令用于建立 Web 页面的链接。getURL 的使用方法为 getURL(url,窗口,方法)。其中，URL 是用来获得文档的统一定位资源，它必须是在动画保留位置的统一定位子域资源。"窗口"设置所要链接的网页打开的方法，有 4 种选项：_self 指在当前浏览器打开链接；_blank 指在新窗口打开网页；_parent 指在当前位置的上一级浏览器窗口打开链接；_top 指在当前浏览器上方新开链接。"方法"指定参数的传输方式，对于正常链接使用默认值即可。

8.7.4 控制 Flash 播放器

可以使用函数 fscommand 来控制 Flash 持续独立地播放。fscommand 子函数主要是针对 Flash 独立的播放器的命令，它包含 6 个命令，如表 8-9 所示。

表 8-9 fscommand 函数的 6 个命令

命　令	参　数	目　的
fullscreen	true 或 false	指定 true 将 Flash Player 设置为全屏模式。指定 false 使播放器返回标准菜单视图
allowscale	true 或 false	指定 false 设置播放器始终按 SWF 文件的原始大小绘制 SWF 文件，从不进行缩放。指定 true 强制 SWF 文件缩放到播放器的 100% 大小
showmenu	true 或 false	指定 true 启用整个上下文菜单项集合。指定 false 使除"设置"和"关于 Flash Player"外的所有上下文菜单项变暗
exec	指向应用程序的路径	在投影仪内执行
quit	无	关闭播放器

在"动作"面板中编辑 fscommand 命令。

例 8.7 控制 Flash 播放器。具体操作步骤如下。

打开"跳转动画"，在场景 1 的第 1 帧处添加控制语句如下：

```
fscommand("fullscereen", true);
```

"动作"面板效果，如图 8-44 所示。

图 8-44 "动作"面板

8.8　本章实例——制作落叶效果

1．主要目的

熟悉工具箱中工具的使用，练习使用控制命令完成动作的设置。

2．上机准备

(1) 熟练掌握工具箱中各工具的使用方法。

(2) 熟悉"动作"面板的使用。

(3) 掌握常用脚本语句的使用。

3．操作步骤

最终的效果图如图 8-45 所示，具体操作步骤如下。

图 8-45　效果图

1) 第一部分——设置文档属性。

(1) 新建 Flash 文档，右击工作区域，在弹出的快捷菜单中选择"文档属性"命令，如图 8-46 所示。

(2) 在弹出的"文档设置"对话框中设置舞台大小为宽 780 像素、高 440 像素、背景颜色为白色。单击"确定"按钮，如图 8-47 所示。

图 8-46　单击"文档属性"命令

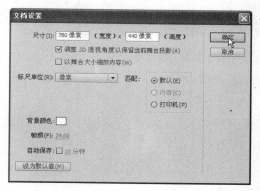

图 8-47　设置文档属性

(3) 选择"文件"|"导入"|"导入到库"命令，将图片"秋天落叶"导入到图库中，然后用鼠标将图库中的图片拖放到舞台中，如图 8-48 所示。

图 8-48　放置图片到舞台中

(4) 选中图片，通过"信息"面板对它进行修改，然后再利用 X、Y 坐标来调整图片在舞台中的位置，使它与舞台完全重合，如图 8-49 所示。

2) 第二部分——制作落叶。

(1) 选择"插入" | "新建元件"命令，如图 8-50 所示。

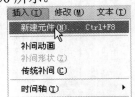

图 8-49　设置图片大小　　　　　　　图 8-50　选择"新建元件"命令

(2) 在弹出的"创建新元件"对话框中对新建元件命名为"落叶 1"，类型为"影片剪辑"，如图 8-51 所示。

(3) 在"落叶 1"元件的编辑区中，用鼠标按住矩形工具时间长一些，从中选择"多角星形工具"，来绘制图形，如图 8-52 所示。

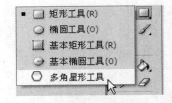

图 8-51　设置"创建新元件"对话框　　　图 8-52　选择"多角星形工具"

(4) 然后单击下面"属性"面板中的"选项"按钮，对多角星形工具进行设置，如图 8-53 所示。

(5) 在弹出的"工具设置"对话框中设置"样式"为多边形，边数为 5 边，星形顶点大小为 0.5。单击"确定"按钮，如图 8-54 所示。

图 8-53　单击"选项"按钮

图 8-54　"工具设置"对话框

(6) 在"落叶 1"元件的编辑区内绘制一个没有边框线、填充颜色为#CECF00 的五角星，如图 8-55 所示。

图 8-55　设置图形颜色

(7) 在舞台中拖动鼠标绘制一个五角星，如图 8-56 所示。

(8) 利用"选取工具"对绘制的五角星进行形状上的调整，如图 8-57 所示。

图 8-56　绘制图形

图 8-57　调整形状

(9) 在五角星边上绘制一个合适的没有边框线的矩形，如图 8-58 所示。

(10) 分别选中所绘制的矩形和五角星。然后按 Ctrl+G 键将它们分别组合，如图 8-59 所示。

图 8-58　绘制矩形

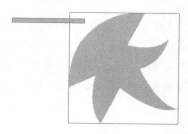

图 8-59　分别组合对象

(11) 鼠标选中"矩形工具"，将它拖放到变形的五角星上，然后利用"任意变形工具"对它进行旋转设置，放置在合适的位置，如图 8-60 所示。

(12) 鼠标双击矩形，进入到矩形组的内部，将其颜色改为#E7E300，如图 8-61 所示。

图 8-60　调整矩形位置后效果

图 8-61　设置矩形颜色

(13) 利用"选取工具"对矩形进行形状上的调整，如图 8-62 所示。

(14) 在五角星上部绘制一个矩形，没有边框线，填充颜色为#CECF00，如图 8-63 所示。

图 8-62　调整矩形

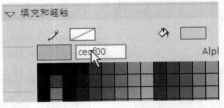

图 8-63　设置图形颜色

(15) 利用"选取工具"对矩形进行形状上的调整，如图 8-64 所示。

(16) 使用"选取工具"，通过框选选中所有编辑区内的形状，按 Ctrl＋B 键将它们全部打散，然后再按 Ctrl+G 键，将它们组合到一起，如图 8-65 所示。

图 8-64　调整矩形

图 8-65　组合各部分

(17) 选中图形，利用"对齐"面板将它相对于舞台中的中心点对齐。单击相对于舞台按钮，然后单击"水平居中"，"垂直居中"两个按钮，如图 8-66 所示。

(18) 按 Ctrl+L 键，打开"图库"面板。鼠标右键单击落叶 1 元件，在弹出的快捷菜单中选择"直接复制"命令，如图 8-67 所示。

图 8-66　设置对齐　　　　　　　　　　　图 8-67　选择"直接复制"命令

(19) 在弹出的"创建新元件"对话框中给复制的元件命名为"落叶 2"，类型为"影片剪辑"，设置完成后，单击"确定"按钮，如图 8-68 所示。

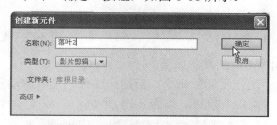

图 8-68　复制元件"落叶 2"

(20) 在图库中双击"落叶 2"元件，进入元件内部，此时图形是一个组合，鼠标双击这个组合，进入到群组内部，如图 8-69 所示。

(21) 利用"颜料桶工具"给落叶更改填充颜色，落叶颜色为#FF6531，树叶中的脉径颜色为#FF9A00。如图 8-70 所示。

图 8-69　群组内部　　　　　　　　　　图 8-70　更改颜色

(22) 在"图库"面板中，鼠标右键单击"落叶 1"元件，复制元件名称为"落叶 3"，类型为"影片剪辑"，设置完成后，单击"确定"按钮。在图库中双击"落叶 3"元件，进入元件内部，此时图形是一个组合，鼠标双击这个组合，进入到群组内部，如图 8-71 所示。

(23) 利用"颜料桶工具"给落叶更改填充颜色，落叶颜色为#FFCF00，落叶中的脉经颜色为#FFD731，如图 8-72 所示。

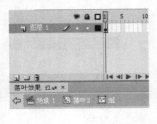

图 8-71　群组内部

图 8-72　更改颜色

3) 第三部分——制作落叶的动态效果。

(1) 选择"插入"|"新建元件"命令，新建一元件"落叶飘动 1"，类型为"影片剪辑"，设置完成后单击"确定"按钮。如图 8-73 所示。

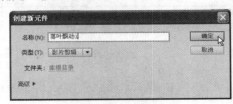

图 8-73　"创建新元件"对话框

(2) 在"落叶飘动 1"元件内部，将"落叶 1"从"图库"面板中拖入到编辑区内。然后在 50 帧和 100 帧处插入关键帧。在 1 帧到 50 帧之间和 50 帧到 100 帧之间分别创建补间动画。如图 8-74 所示。

图 8-74　创建补间动画

(3) 鼠标单击第 50 帧，用鼠标拖动"落叶 1"元件，让它向左发生一段位移。这样整个影片剪辑元件就是由中心点向左移动一段距离后，再返回中心点的动画效果。如图 8-75 所示。

(4) 新建"落叶飘动 3"影片剪辑元件，将"落叶 3"拖入到编辑区相对于舞台垂直水平居中。然后在第 50 帧、第 100 帧处插入关键帧，然后在这两段时间内分别创建运动补间动画。然后单击第 1 帧到第 50 帧中的任何一帧，在"属性"面板中的"方向"下拉列表框中选择"顺时针"。如图 8-76 所示。

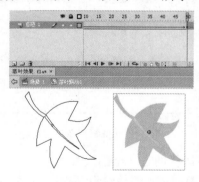

图 8-75　向左发生位移

图 8-76　做旋转动画

（5）单击第 100 帧，利用"选取工具"将编辑区中的对象向右移动一段距离。如图 8-77 所示。

（6）打开"图库"面板。鼠标右键单击"落叶飘动 3"元件，在弹出的快捷菜单中选择"直接复制"命令。如图 8-78 所示。

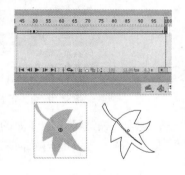

图 8-77　向右发生位移

图 8-78　选择"直接复制"命令

（7）在弹出的"创建新元件"对话框中给复制的元件命名为"落叶飘动 2"，类型为"影片剪辑"，设置完成后，单击"确定"按钮。如图 8-79 所示。

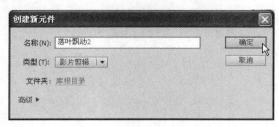

图 8-79　复制"落叶飘动 2"元件

（8）双击图库中的"落叶飘动 2"元件，进入元件编辑区。鼠标选中第 1 帧中的对象，然后单击"属性"面板中的"交换"按钮。如图 8-80 所示。

（9）在弹出的"交换元件"对话框中选择元件"落叶 2"，然后单击"确定"按钮。如图 8-81 所示。

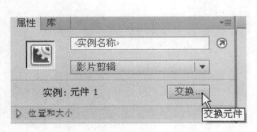

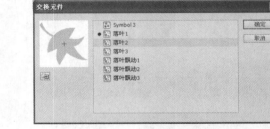

图 8-80　单击"交换"按钮　　　　　图 8-81　选择"落叶 2"元件

(10) 同理，将第 50 帧及第 100 帧中的元件用同样的方法全部换成"落叶 2"元件。然后鼠标单击选中第 1 帧和第 50 帧之间的任何一帧，单击"属性"面板中的"方向"下拉列表框，选择"逆时针"。如图 8-82 所示。

(11) 选中第 100 帧，鼠标右键单击 100 帧，在弹出的快捷菜单中选择"清除关键帧"命令，将第 100 帧的关键帧删除。如图 8-83 所示。

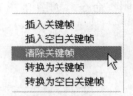

图 8-82　选择"逆时针"选项　　　　　图 8-83　删除关键帧

(12) 删除关键帧后，再次单击第 100 帧，按 F6 键插入关键帧。这样做的目的是让第 100 帧中的对象和第 50 帧中的对象完全一样。然后在第 100 帧处，将对象向左移动一段距离。如图 8-84 所示。

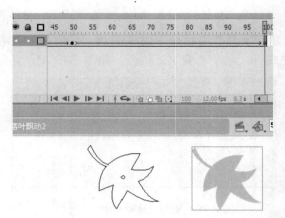

图 8-84　左移一段距离

至此，会动的落叶元件全部完成。

4) 第四部分——落叶动态效果。

(1) 单击场景 1，返回场景中，在"背景"图层上新建一图层，命名为"落叶"。如图 8-85 所示。

图 8-85　新建"落叶"图层

(2) 将图库中的三个落叶飘飘元件全部拖动到舞台中，如图 8-86 所示。

(3) 可见元件实例太大，利用"自由变形工具"及"选取工具"将元件缩小并拖动到舞台之外(舞台之外的左上角处)，如图 8-87 所示。

图 8-86　放置元件

图 8-87　调整元件

(4) 在工作区单击"落叶飘飘 1"元件实例，在"属性"面板中给实例命名为 luoye1。同理将其他两个元件实例也用同样的方法将它们命名，如图 8-88 所示。

图 8-88　给实例命名

(5) 在"落叶"图层上新建一图层，命名为 as。然后在 as 图层的第 1 帧上输入命令控制，如图 8-89 所示。

```
randomTime = 20;
changjing_width =780;
changjing_height=440;
i= 1;
_root.luoye1._visible = 0;
_root.luoye2._visible = 0;
_root.luoye3._visible = 0;
_root.onEnterFrame = function () {
    if (random (randomTime) == 0) {
        var mc = _root.luoye1.duplicateMovieClip ("luoye1"+i, i);
        mc._x = random (700)-200;
        mc._xscale = random (50)+100;
        mc._yscale = _root["luoye1"+i]._xscale;
        i++;
    }
    if (random (randomTime) == 0) {
        var mc = _root.luoye2.duplicateMovieClip ("luoye2"+i, i);
```

as : 1

图 8-89　第 1 帧中命令

(6) 在工作区中单击 luoye1 实例。单击"动作"面板，输入控制语句，如图 8-90 所示。

```
1  onClipEvent (load) {
2      this._x = random (_root.changjing_width)+100;
3      this._y = 0;
4  }
5  onClipEvent (enterFrame) {
6      this._x += 2;
7      this._y += 5;
8      this._rotation +=10;
9      if (this._y>_root.changjing_height+this._height) {
10         this.removeMovieClip ();
11     }
12 }
```

图 8-90　实例 luoye1 中命令

(7) 在工作区中单击 luoye2 实例。单击"动作"面板，输入控制语句，如图 8-91 所示。

```
1  onClipEvent (load) {
2      this._x = random (_root.changjing_width)+100;
3      this._y = 0;
4  }
5  onClipEvent (enterFrame) {
6      this._x += 1.5;
7      this._y += 3;
8      this._rotation += 5;
9      if (this._y>_root.changjing_height+this._height) {
10         this.removeMovieClip ();
11     }
12 }
```

图 8-91　实例 luoye2 中命令

(8) 在工作区中单击 luoye3 实例。单击"动作"面板，输入控制语句，如图 8-92 所示。

```
1  onClipEvent (load) {
2      this._x = random (_root.changjing_width)+100;
3      this._y = 0;
4  }
5  onClipEvent (enterFrame) {
6      this._x += 1.5;
7      this._y += 2;
8      this._rotation -= 5;
9      if (this._y>_root.changjing_height+this._height) {
10         this.removeMovieClip ();
11     }
12 }
13
```

图 8-92　实例 luoye3 中命令

(9) 至此，完整的动画已经完成。这时按 Ctrl+Enter 组合键测试动画，可以看到完整

作品的动画效果。测试完毕，选择"文件"|"保存"命令保存文档。

8.9 课后练习

1. 选择题

(1) 动作脚本中用来表示影片剪辑实例和按钮实例的唯一名称是( )。

A. 变量名 B. 元件名 C. 实例名称 D. 帧标签

(2) Flash 的 ActionScript 中的 Var 的意义是( )。

A. 卸载动画影片元件 B. 声明局部变量

C. 当……成立时 D. 对……对象做

(3) 当需要某一帧静止时，应在( )添加 ActionScript。

A. 图形 B. 帧 C. 按钮实例 D. 影片剪辑实例

(4) 下面不属于 Date 动作的是( )。

A. getDate() B. getDay() C. getMonth() D. getMinute()

(5) Flash CS6 不允许使用动作脚本功能的是( )。

A. 图形元件 B. 影片剪辑 C. 关键帧 D. 按钮元件

2. 填空题

(1) Flash CS6 可以在( )、( )和( )处添加 ActionScript。

(2) 要为动作脚本加一行注释，可以使用( )。

(3) 要播放和影片剪辑，可以使用( )和( )命令。

(4) 动作脚本中的数据类型包括( )、( )、( )、( )、( )、( )、( )。

(5) 标识符第一个字符必须是( )、( )、( )，其后字符必须是( )、( )、( )和( )。

3. 上机操作题

(1) 运用脚本语句控制完成舞台中动画的运动。设计效果如图 8-93 所示。

(2) 运用脚本语句控制完成复制操作，设计效果如图 8-94 所示。

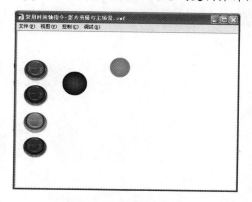

图 8-93 控制舞台动画

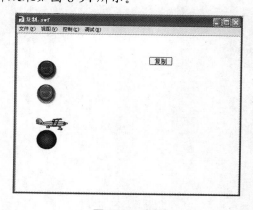

图 8-94 复制

(3) 运用脚本语句控制实现时间的显示操作，设计效果如图 8-95 所示。

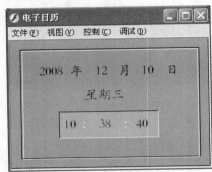

图 8-95　电子日历

第9章 作品的发布与输出

我们经常在网页中的某些固定区域看到一些需要强调某些内容的动画，如广告动画等。但是用 Flash CS6 制作的动画并不能直接用于这些网页中，这时，就需要利用 Flash 制作作品的发布与输出功能。

9.1 作品的发布

用 Flash CS6 制作的动画是 FLA 格式的，所以在动画制作完成后，需要将 FLA 格式的文件发布成 SWF 格式的文件，这样才能被 Flash 播放器播放或者用于网页播放。

默认情况下，使用"发布"命令可将创建 SWF 格式的文件发布在浏览器中运行的 HTML 文件中。也可以在发布之前，使用"发布设置"对话框选择和指定所需的设置，将影片发布为 GIF、JPEG、HTML 文件格式等。

此外，在"发布设置"对话框中建立的发布配置将随文档一起保存。用户也可以创建并命名发布配置文件，以便能够随时使用已建立的发布设置。只要输入了所有必需的发布设置选项，就可以一次重复导出所有选定的格式。

将 Flash 影片以允许的格式在网络上具有版权保护的传播。可以通过以下方式使用。

- 选择"文件"|"发布"命令。
- 选择"文件"|"发布设置"命令。

例 9.1 使用默认格式发布影片，具体操作步骤如下。

(1) 打开要发布的影片，本例打开第 5 章的打字效果.fla 文件，如图 9-1 所示。

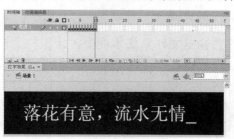

图 9-1 打开 Flash 文档

(2) 选择"文件"|"发布设置"命令(或者，在没有选择任何对象的情况下单击"属性"面板中的"发布"对应的"设置"按钮)打开"发布设置"对话框，如图 9-2 所示。

(3) 在"发布"选项中选择要发布文件名称的格式。默认情况下，会选定 Flash 和 HTML 格式。

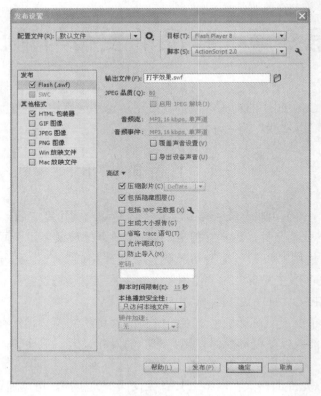

图 9-2 "发布设置"对话框

💡 **注意：** 在"其他格式"选项中选中的文件格式，会在对话框右边显示对应的格式设置参数。用户可以根据需要选择一种或几种格式。对于每一种格式，Flash 都提供了一些参数设置。但是，Windows 和 Macintosh 放映文件格式除外，因为它们没有相应的设置。

（4）在选定格式后面的"输出文件"文本框中，使用与文档名称对应的默认文件名，或输入带有相应扩展名的新文件名。本例将两个文件的名称改为"打字效果.swf"和"打字效果.html"，如图 9-3 所示。

图 9-3 更改文件名

（5）单击文件名后边的 按钮，选择发布文件的位置，默认情况下，这些文件会发布到与 FLA 文件相同的位置，如图 9-4 所示。

图 9-4　"选择发布目标"对话框

（6）单击要更改的格式选项的选项卡，指定每种格式的发布设置。鼠标选中 Flash，在其中设置发布的 Flash SWF 文件的版本、图像、声音，如图 9-5 所示。

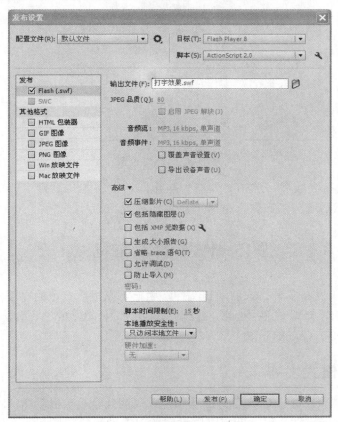

图 9-5　Flash SWF 设置

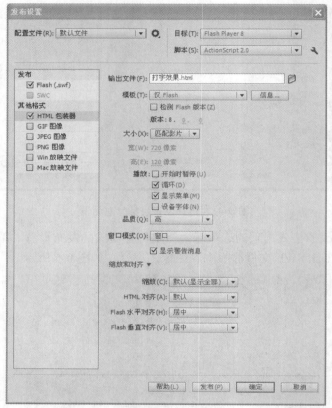
(7) 鼠选中 HTML，在其中设置影片在窗口中的位置、SWF 文件的大小等。设置 HTML 发布选项将产生一个 HTML 文件，用于在网页中引导和播放 Flash 动画，如图 9-6 所示。

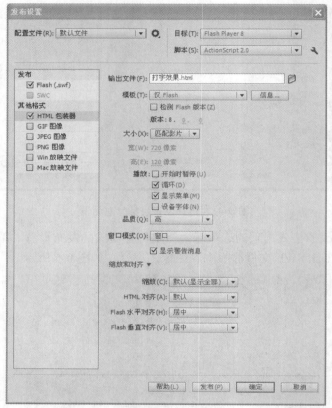

图 9-6　HTML 设置

(8) 设置好发布参数后，单击"发布"按钮即可发布影片。也可以单击"确定"按钮保存发布设置，然后选择"文件"|"发布"命令来发布影片。

9.2　作品的发布格式

Flash CS6 可以发布多种格式的动画文件，用户可以根据自己的需要来设置所要发布的文件格式。具体的发布格式有 Flash、HTML、GIF、JPEG、PNG、Windows 放映文件、Macintosh 放映文件、QuickTime。

9.2.1　SWF 格式发布

SWF 动画格式是 Flash CS6 自身的动画格式，因此它是输出动画的默认形式。在输出动画的时候，"发布设置"对话框中可以设定 SWF 动画的图像和声音压缩比例等参数，如图 9-7 所示。

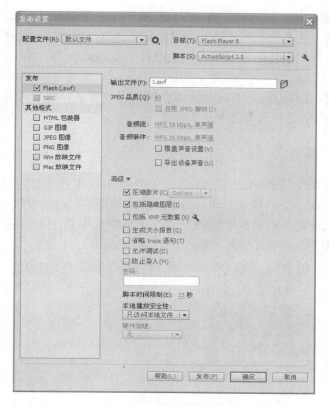

图 9-7　SWF 格式发布设置

SWF 格式发布中各项参数介绍如下。

(1) 单击"目标"后面的 ▼ 按钮，在弹出的下拉列表中选择一个播放器版本。

并非所有 Flash CS6 功能都能在低版本的 Flash Player 已发布的 SWF 文件中起作用。因为如果使用低版本输出，那么 Flash 动画的新增功能将无法正确地运行。所以，除非有必要，否则一般不提倡使用低版本输出 Flash 动画。

(2) 单击"脚本"后面的 ▼ 按钮，在弹出的下拉列表中，选择 ActionScript 的版本。

(3) 要启用对已发布 Flash SWF 文件的调试操作，可选择以下任意一个选项：

- "生成大小报告"可生成一个报告，按文件列出最终 Flash 内容中的数据量。
- "省略 trace 语句"会使 Flash 忽略当前 SWF 文件中的跟踪动作(trace)。 如果选择了此选项，来自跟踪动作的信息就不会显示在"输出"面板中。
- "允许调试"会激活调试器并允许远程调试 Flash SWF 文件。如果选择此选项，可以决定使用密码来保护 SWF 文件。
- "防止导入"选项可防止其他人导入 SWF 文件并将其转换回 Flash(FLA)文档。如果选择此选项，可以决定使用密码来保护 Flash SWF 文件。

注意：　如果在选择"允许调试"或"防止导入"，则可以在"密码"文本框中输入密码。如果添加了密码，那么其他人必须先输入密码才能调试或导入 SWF 文件。要删除密码，请清除"密码"文本框。

(4) 要控制位图压缩，可以调整"JPEG 品质"滑块或输入一个值。

图像品质越低，生成的文件就越小；图像品质越高，生成的文件就越大。尝试不同的设置，以确定在文件大小和图像品质之间的最佳平衡点；值为 100 时图像品质最佳，压缩比最小。

(5) 要为 SWF 文件中的所有声音流或事件声音设置采样率和压缩，可以单击"音频流"或"音频事件"旁边的具体音频格式设置。

9.2.2 HTML 格式发布

要在 Web 浏览器中播放 Flash 影片，则必须创建 HTML 文档激活影片和指定浏览器设置。动画格式是 Flash CS6 自身的动画格式，因此它是输出动画的默认形式。在输出动画的时候，在"发布设置"对话框中的"发布"选项中选中"HTML 包装器"，可以设定 SWF 动画的图像和声音压缩比例等参数，如图 9-8 所示。

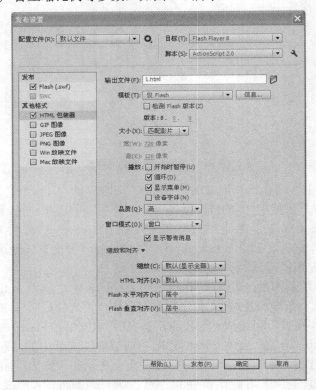

图 9-8 "HTML"格式发布设置

HTML 格式发布中各项参数介绍如下。

(1) 从"模板"下拉列表中选择要使用的已安装模板。然后，单击右边的"信息"按钮以显示选定模板的说明。默认选项是"仅 Flash"。

"Flash 版本检测"将对文档进行配置，以检测用户拥有的 Flash Player 的版本，并在用户没有指定播放器时向用户发送替代 HTML 页。

(2) 选择一种"大小"选项，设置 object 和 embed 标记中宽度和高度属性的值：

● "匹配影片"(默认设置)：使用 SWF 文件的大小。

● "像素"：会在"宽度"和"高度"字段中输入宽度和高度的像素数量。

● "百分比"：指定 SWF 文件将占浏览器窗口的百分比。

(3) 选择"播放"选项可以控制 SWF 文件的回放和各种功能，如下所示：

● "开始时暂停"：会一直暂停播放 SWF 文件，直到用户单击按钮或从快捷菜单中选择"播放"后才开始播放。默认情况下，该选项处于取消选择状态，Flash 内容一旦加载就立即开始播放(PLAY 参数值设置为 true)。

● "循环"：将在 Flash 内容到达最后一帧后再重复播放。取消选择此选项会使 Flash 内容在到达最后一帧后停止播放。(默认情况下，该参数处于启用状态。)

● "显示菜单"：会在用户右击(Windows)或按住 Ctrl 键单击(Macintosh)SWF 文件时，显示一个快捷菜单。如果取消选择此选项，那么快捷菜单中就只有"关于 Flash"一项。默认情况下，此选项处于选中状态(MENU 参数设置为 true)。

● "设备字体"(仅限 Windows)：会用消除锯齿(边缘平滑)的系统字体替换用户系统上未安装的字体。使用设备字体可使小号字体清晰易辨，并能减小 SWF 文件的大小。此选项只影响那些包含用设备字体显示的静态文本(在创作 SWF 文件时创建并且在 Flash 内容播放时不会改变的文本)的 SWF 文件。

(4) 选择"品质"选项以在处理时间和外观之间确定一个平衡点，如下所示。此选项设置 object 和 embed 标记中的"品质"参数的值。

● "低"：主要考虑回放速度，基本不考虑外观，并且不使用消除锯齿功能。

● "自动降低"：主要强调速度，但是也会尽可能改善外观。回放开始时，消除锯齿功能处于关闭状态。如果 Flash Player 检测到处理器可以处理消除锯齿功能，就会打开该功能。

● "自动升高"：在开始时同等强调回放速度和外观，但在必要时会牺牲外观来保证回放速度。回放开始时，消除锯齿功能处于打开状态。如果实际帧频降到指定帧频之下，就会关闭消除锯齿功能以提高回放速度。使用此设置可模拟 Flash 中的"查看"|"消除锯齿"设置。

● "中"选项：会应用一些消除锯齿功能，但并不会平滑位图。该设置生成的图像品质要高于"低"设置生成的图像品质，但低于"高"设置生成的图像品质。

● "高"(默认设置)：主要考虑外观，基本不考虑回放速度，它始终使用消除锯齿功能。如果 SWF 文件不包含动画，则会对位图进行平滑处理；如果 SWF 文件包含动画，则不会对位图进行平滑处理。

● "最佳"：提供最佳的显示品质，而不考虑回放速度。所有的输出都已消除锯齿，而且始终对位图进行光滑处理。

(5) 选择"窗口模式"选项，该选项控制 object 和 embed 标记中的"窗口模式"属性。窗口模式修改 Flash 内容限制框或虚拟窗口与 HTML 页中内容的关系，如下所示：

- "窗口"：不会在 object 和 embed 标记中嵌入任何窗口相关属性。Flash 内容的背景不透明，并使用 HTML 背景颜色。HTML 无法呈现在 Flash 内容的上方或下方。"窗口"为默认设置。
- "不透明无窗口"：将 Flash 内容的背景设置为不透明，并遮蔽 Flash 内容下面的任何内容。"不透明无窗口"使 HTML 内容可以显示在 Flash 内容的上方或顶部。
- "透明无窗口"：将 Flash 内容的背景设置为透明。此选项使 HTML 内容可以显示在 Flash 内容的上方和下方。

💡 注意：　在某些情况下，"透明无窗口"模式中复杂的呈现方式可能会导致动画在 HTML 中图像同样复杂的情况下速度变慢。

(6) 如果已经改变了文档的原始宽度和高度，选择一种"缩放"选项可将 Flash 内容放到指定的边界内。"缩放"选项设置 object 和 embed 标记中的缩放参数。

- "默认(显示全部)"：会在指定的区域显示整个文档，并且不会发生扭曲，同时保持 SWF 文件的原始高宽比。边框可能会出现在应用程序的两侧。
- "无边框"选项：会对文档进行缩放，以使它填充指定的区域，并保持 SWF 文件的原始高宽比，同时不会发生扭曲，并根据需要裁剪 SWF 文件边缘。
- "精确匹配"：会在指定区域显示整个文档，它不保持原始高宽比，这可能会导致发生扭曲。
- "无缩放"选项：将禁止文档在调整 Flash Player 窗口大小时进行缩放。

(7) 选择一个"HTML 对齐"选项，确定 Flash SWF 窗口在浏览器窗口中的位置。

- "默认"：使 Flash 内容在浏览器窗口内居中显示，如果浏览器窗口小于应用程序，则会裁剪边缘。
- "左"、"右"、"顶部"或"底部"对齐选项：会将 SWF 文件与浏览器窗口的相应边缘对齐，并根据需要裁剪其余的三边。

(8) 选择一个 Flash 对齐选项可设置如何在应用程序窗口内放置 Flash 内容以及在必要时如何裁剪它的边缘。此选项设置 object 和 embed 标记的对齐参数。

- 对于水平对齐，选择"左"、"居中"或"右"。
- 对于垂直对齐，选择"顶部"、"居中"或"底部"。

(9) 选中"显示警告消息"复选框可在标记设置发生冲突时显示错误消息，例如，在某个模板的代码引用了尚未指定的替代图像时。完成后要保存当前文件中的设置，单击"确定"按钮。

9.2.3　GIF 格式发布

GIF 是一种输出 Flash 动画比较方便的格式，在"发布设置"对话框中的"发布"选项中选中"GIF 图像"复选框，如图 9-9 所示。

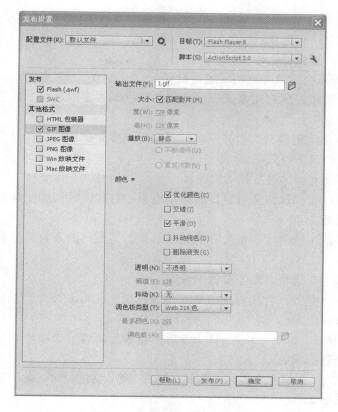

图 9-9 "GIF"格式发布设置

"GIF"格式中各项参数介绍如下。

(1) "大小"选项。设定动画的尺寸。即可以选中"匹配影片"复选框，也可以自定义影片的"高"和"宽"，单位为"像素"。

(2) "播放"选项组，该选项组用于控制动画的播放效果，包括以下两个选项。

● "静态"：导出的动画为静止状态。

● "动画"：导出可以连续播放的动画。此时如果选中"不断循环"单选按钮，动画可以一直循环播放；如果选择"重复次数"单选按钮，并在右侧文本框中输入播放次数，可以让动画循环播放，当达到播放次数后，动画就停止播放。

(3) "颜色"选项包括以下几个选项。

● "优化颜色"：动画中不用的。默认情况下此项为选中状态。

● "交错"：在文件没有完全下载完之前显示图片的基本内容，在网速较慢时加快下载速度，但是对于 GIF 动画不要使用"交错"选项。

● "平滑"：减少位图的锯齿，使画面质量提高，但是平滑处理后会增大文件的大小。

● "抖动纯色"：使纯色产生渐变效果。

● "删除渐变"：使用渐变色中的第 1 种颜色代替渐变色。

(4)"透明"选项用于确定动画背景的透明度。

● "不透明"：将背景以纯色方式显示。

● "透明"：使背景色透明。

● Alpha：可以对背景的透明度进行设置，范围在 0～255 之间。在右边的文本框中输入一个数值，所有指数低于设定值的颜色都将变得透明，高于设定值的颜色都将被部分透明化。

(5)"抖动"选项确定像素的合并形式。抖动可以提高画面的质量，但是会增加文件的大小。可以设置 3 种抖动方式。

● "无"：不对画面进行抖动修改。

● "有序"：可以产生质量较好的抖动效果，与此同时动画文件的大小不会有太大程度的增加。

● "扩散"：可以产生质量较高的动画效果，与此同时不可避免地增加动画文件的大小。

(6)"调色板类型"选项，用于图像的编辑。

● "Web 216 色"：使用标准的 216 色调色板生成 GIF 图像，可以提高图像质量并加快处理速度。

● "最合适"：Flash CS6 会自动分析图像颜色。这一选项可以为被编辑的图像生成最为精确的颜色。

● "接近 Web 最适色"：当图像接近网络 216 调色板时，此类型可以将图像颜色转换为网络 216 色。

● "自定义"：在"调色板"文本框中输入调色板存储路径就可以自定义了。还可以单击文本框右侧的按钮，在弹出的对话框中选择调色板文件即可。

(7)"最多颜色"选项，如果选择"最合适"或"接近 Web 最适色"选项，此文本框将为可选，在其中填入"0～255"中的一个数值，可以去除超过这一设定值的颜色。设定的数值较小则可以生成较小的文件，但画面质量会较差。

9.2.4 JPEG 格式发布

使用 JPEG 格式可以输出高压缩的 24 位图像。通常情况下，GIF 格式更适合于导出图形，而 JPEG 格式则更适合于导出图像，如图 9-10 所示。

JPEG 格式发布中各项参数介绍如下。

(1)"大小"选项。设定动画的尺寸。即可以选中"匹配影片"复选框，也可以自定义影片的"高"和"宽"，单位为"像素"。

(2)"品质"选项，品质越好，则文件越大，因此要按照实际需要设置导出图像的质量。

(3)"渐进"复选框在浏览器中可以渐进显示图像。如果网速较慢，这一功能可以加快图片的下载速度。

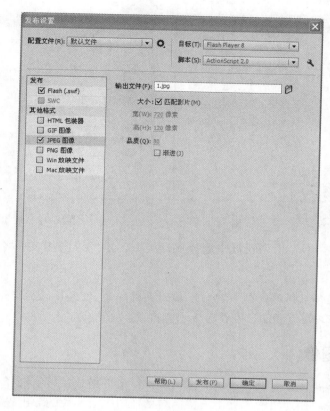

图 9-10　JPEG 格式发布设置

9.3　导　出　作　品

作品的导出并不像发布那样对背景音乐、图形格式以及颜色等都需要进行单独设置，它可以把当前的 Flash 动画的全部内容导出为 Flash 支持的文件格式。文件有两种导出方式，即"导出影片"和"导出图像"两种。

9.3.1　导出影片

将影片导出为多种播放格式，可以选择"文件"|"导出"|"导出影片"命令，在弹出的"导出影片"对话框中完成影片的导出设置。

例 9.2　将打字效果导出为影片格式，具体操作步骤如下。

(1) 选择"文件"|"导出"|"导出影片"命令，此时，弹出"导出影片"对话框，如图 9-11 所示。

(2) 在"导出影片"对话框中的"保存在"下拉列表中选择保存位置，本例使用默认位置。

(3) 在"导出影片"对话框中的"文件名"下拉列表框中输入文件的名称。本例为"打字效果"，如图 9-12 所示。

图 9-11　"导出影片"对话框　　　　　　　　　图 9-12　设置文件名

(4) 在"保存类型"下列表框中选择保存类型。本例导出 SWF 格式影片，然后单击"保存"按钮。

💡 **注意：** 在选择"保存类型"时，下拉列表框中的"Flash 影片(*swf)"类型的文件必须在安装了 Flash 播放器后才能播放。

9.3.2　导出图像

将当前帧的内容保存为各种 Flash 支持的图像文件格式。可以选择"文件"|"导出"|"导出图像"命令，在弹出的"导出图像"对话框中完成影片的导出设置。

例 9.3　将打字效果导出为图像格式。具体操作步骤如下。

(1) 选择"文件"|"导出"|"导出图像"命令，弹出"导出图像"对话框，如图 9-13所示。

(2) 在"导出图像"对话框中的"保存在"下拉列表框中选择保存位置，本例使用默认位置。

(3) 在"导出图像"对话框中的"文件名"下拉列表框中输入文件的名称。本例为"打字效果"，如图 9-14 所示。

图 9-13　"导出图像"对话框　　　　　　　　图 9-14　设置文件名及保存类型

(4) 在"保存类型"下拉列表框中选择保存类型。本例导出 GIF 格式图像，然后单击"保存"按钮，弹出如图 9-15 所示的"导出 GIF"对话框，在此对话框中对相应选项进行设置，最后单击"确定"按钮，完成影片的导出操作。

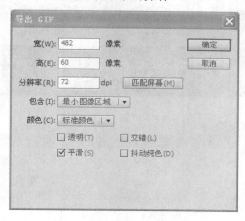

图 9-15　"导出 GIF"对话框

9.4　本章实例——发布"打字效果"动画为 SWF、HTML、GIF、JPEG 格式的文件

1．主要目的

练习影片的导出操作。

2．上机准备

(1) 熟悉影片的导出格式。

(2) 熟悉影片的导出过程。

3．操作步骤

最终的效果图如图 9-16 所示，具体操作步骤如下。

图 9-16　效果图

(1) 打开要发布的影片，本例打开第 5 章\打字效果.fla 文件，如图 9-17 所示。

(2) 选择"文件"|"发布设置"命令，打开"发布设置"对话框，如图 9-18 所示。

图 9-17　打开 Flash 文档

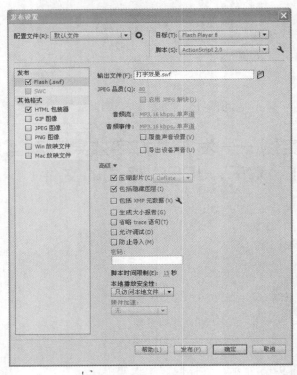

图 9-18　"发布设置"对话框

(3) 在"发布"选项中选择 Flash、"HTML 包装器"、"GIF 图像"、"JPEG 图像"格式，如图 9-19 所示。

图 9-19　"发布设置"对话框

(4) 在选定的格式后面的"输出文件"文本框中，使用与文档名称对应的默认文件名，或输入带有相应扩展名的新文件名。本例将两种格式文件的名称改为"打字效果.swf"和"打字效果.html"，如图 9-20 所示。

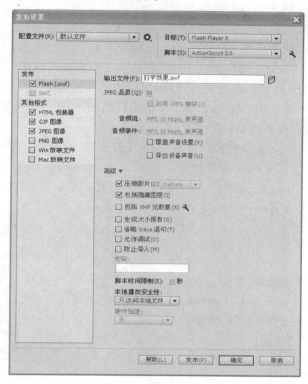

图 9-20　更改文件名

(5) 单击文件名后边的"选择发布目标"按钮，选择发布文件的位置，默认情况下，这些文件会发布到与 FLA 文件相同的位置，如图 9-21 所示。

图 9-21　更改发布目标

(6) 每种格式中的参数使用默认值，然后单击"发布"按钮即可发布影片。

9.5 课后练习

1. 选择题

(1) Flash 有(　　)种发布格式。

    A. 4　　　　　　B. 6　　　　　　C. 7　　　　　　D. 8

(2) 在(　　)选项卡中可以设置发布动画的格式。

    A. 格式　　　　　B. Flash　　　　　C. HTML　　　　D. Gif

(3) Flash CS6 输出动画的默认形式为(　　)。

    A. SWF　　　　　B. HTML　　　　　C. GIF　　　　　D. JPEG

(4) 允许在 IE 浏览器中观看的文件为(　　)。

    A. SWF　　　　　B. Gif　　　　　C. HTML　　　　D. PNG

(5) 文件的导出方式有(　　)种。

    A、8　　　　　　B. 7　　　　　　C. 2　　　　　　D. 1

2. 填空题

(1) Flash CS6 制作的动画是(　　)格式。

(2) 要在 Web 浏览器中播放 Flash 影片，则必须要创建(　　)文档。

(3) 文件有两种导出方式(　　)和(　　)。

(4) GIF 格式适合导出(　　)。

(5) JPEG 格式适合导出(　　)。

3. 上机操作题

(1) 将第 5 章中的本章实例导出为 SWF 和 HTML 格式。

(2) 将第 3 章中的本章实例导出为 JPEG 格式。

(3) 将第 6 章中的本章实例导出为 GIF 格式。

第 10 章 色彩动画 ——绘制仿古灯

本章通过"仿古灯"的制作,介绍了绘图工具栏中多种工具的使用方法。"仿古灯"的制作效果,如图 10-1 所示。本章首先介绍背景的设置,然后是用矢量工具绘制灯座,接着介绍灯罩的制作、火光的制作,最后将多个个体组合到一起。

图 10-1 最终效果

10.1 思路剖析及制作流程

整个实例的创建过程,如图 10-2 所示。

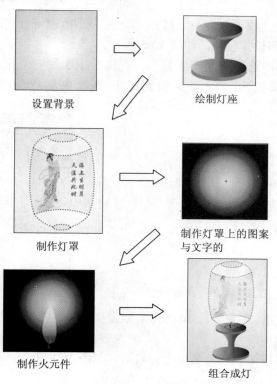

图 10-2 "仿古灯"的制作流程

10.2 绘制仿古灯

10.2.1 设置背景

绘制仿古灯的操作步骤如下。

(1) 新建 Flash 文档，右击工作区域，在弹出的快捷菜单中选择"文档属性"命令，如图 10-3 所示。

(2) 在弹出的"文档属性"对话框中设置舞台尺寸为宽 550 像素、高 550 像素，背景颜色为黑色，如图 10-4 所示。

图 10-3 选择"文档属性"命令

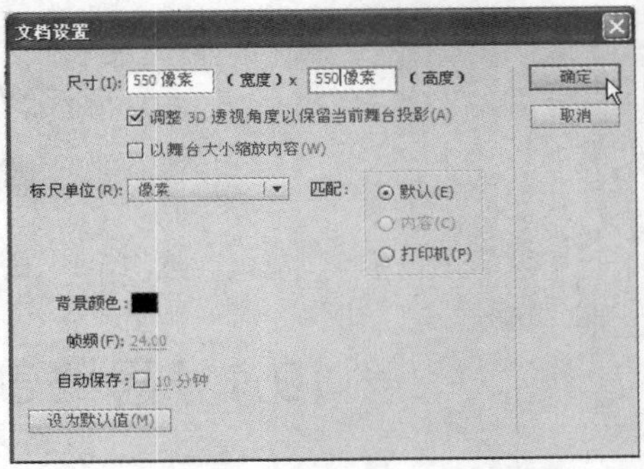

图 10-4 设置文档属性

(3) 选择"窗口"|"颜色"命令，打开"颜色"面板(也可以使用组合键 Shift+F9 打开"颜色"面板)，为矩形设置颜色，如图 10-5 所示。

(4) 在绘图工具栏中选择"矩形工具"，在舞台上绘制一个矩形，要求绘制的矩形没有边框颜色，填充颜色为径向渐变填充，左侧色块颜色为#FFFFFF，右侧色块为#FFCC33，如图 10-6 所示。

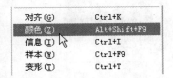

图 10-5 打开"颜色"面板

图 10-6 设置矩形颜色

(5) 选中绘制的矩形，大小为 550×550，X 坐标为 0，Y 坐标为 0，将设置好的矩形与舞台完全重合，如图 10-7 所示。

(6) 设置好后将图层 1 重新命名为"背景"，如图 10-8 所示。

图 10-7　设置"信息"面板　　　　图 10-8　编辑后的舞台效果

10.2.2　制作灯座

制作灯座的具体操作步骤如下。

(1) 在背景图层上新建一个图层，命名为"灯"。鼠标单击绘图工具栏中的"椭圆工具"，在舞台上绘制一个椭圆，边框颜色任意，没有填充颜色，如图 10-9 所示。

(2) 使用 Ctrl+I 组合键打开信息面板。在信息面板中设置椭圆大小为 90×30，如图 10-10 所示。

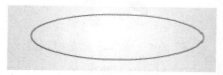

图 10-9　绘制椭圆

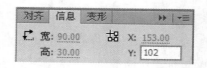

图 10-10　设置"信息"面板

(3) 按住 Ctrl 键，同时鼠标拖动椭圆复制出一个椭圆放在原有椭圆的下方，如图 10-11 所示。

(4) 单击"缩放工具"，在两圆相交的位置绘制矩形，放大此位置，如图 10-12 所示。

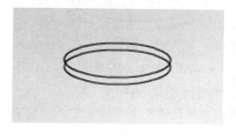

图 10-11　复制椭圆

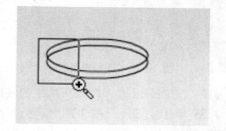

图 10-12　对其放大

(5) 放大后，单击"直线工具"，在两圆之间绘制一条直线段，如图 10-13 所示。

(6) 同理，在两圆的另一侧也绘制直线段，如图 10-14 所示。

(7) 鼠标单击选中左侧两圆交点与左侧直线之间的两条线段，如图 10-15 所示。

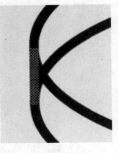 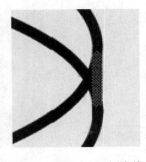 

图 10-13　绘制直线段　　　图 10-14　绘制另一侧直线段　　　图 10-15　选中线段

(8) 按 Delete 键，删除所选中的线段，效果如图 10-16 所示。

(9) 同理，鼠标单击选中右侧两圆交点与右侧直线之间的两条线段。单击键盘上的 Delete 键，删除所选中的线段，如图 10-17 所示。

图 10-16　删除后的效果　　　图 10-17　删除右侧线段后效果

(10) 鼠标单击时间轴右侧的调整舞台大小的下拉列表框，选择 200%显示舞台(也可以直接在下拉列表框中输入显示比例)，如图 10-18 所示。

(11) 在 200%的显示比例下，选中圆的内上侧的线段，图 10-19 所示。

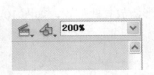 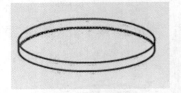

图 10-18　调整舞台显示比例　　　图 10-19　选中线段

(12) 按 Delete 键，删除所选中的线段，最后效果如图 10-20 所示。

(13) 单击绘图工具栏中的"箭头工具"，使用框选法将整个图形框选中。使用 Ctrl+G 组合键将所选中图形组合，如图 10-21 所示。

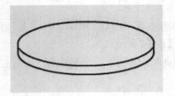 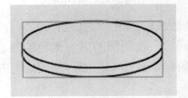

图 10-20　删除线段后效果　　　图 10-21　组合图形

(14) 按住 Ctrl 键，同时鼠标拖动对象向下复制出一个对象，如图 10-22 所示。

(15) 选中复制后的对象，选择"窗口"｜"变形"命令(或者使用 Ctrl+T 组合键)，打开"变形"面板。在"变形"面板中将它的大小设置为原来的 120%，按 Enter 键，确认输入设置，如图 10-23 所示。

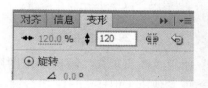

图 10-22　复制对象　　　　　　　　　　　图 10-23　放大对象

(16) 使用绘图工具栏中的"箭头工具"，框选中两个对象，使用 Ctrl+K 组合键，打开"对齐"面板，在"对齐"面板中设置两个对象不相对舞台，水平中齐，如图 10-24 所示。

(17) 使用绘图工具栏中的"直线工具"在两个对象之间绘制一条直线，如图 10-25 所示。

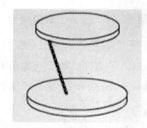

图 10-24　对齐对象　　　　　　　　　　　图 10-25　绘制直线

(18) 使用绘图工具栏中的"箭头工具"，取消直线的选中状态，将直线进行变形，如图 10-26 所示。

(19) 选中变形后的线段，使用 Ctrl+D 组合键将它复制，在不取消选中状态的情况下选择"修改"｜"变形"｜"水平翻转"命令，将它水平翻转，如图 10-27 所示。

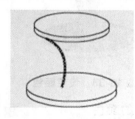

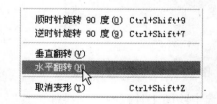

图 10-26　调整成弧线　　　　　　　　　图 10-27　选择"水平翻转"命令

(20) 使用光标移动键调整水平翻转后的线段到合适的位置，使它与左侧弧线对称，如图 10-28 所示。

(21) 使用绘图工具栏中的"直线工具"在两段弧线下端绘制水平直线段，再用"箭头工具"调整为弧线，如图 10-29 所示。

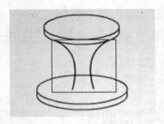

图 10-28　调整右侧弧线

图 10-29　调整为弧线

(22) 使用"箭头工具"框选中本图层中的所有对象，然后选择"修改"｜"取消组合"命令(或者使用 Ctrl+Shift+G 组合键，或者使用 Ctrl+B 组合键)，取消对象的组合，如图 10-30 所示。

(23) 取消对象的组合后，选中删除多余的线。修改完成后的效果，如图 10-31 所示。

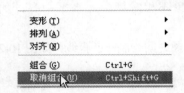

图 10-30　选择"取消组合"命令

图 10-31　删除多余的线

(24) 打开"颜色"面板，单击选中填充颜色，设置类型为"线性渐变"，左侧色块颜色为#FFCC33，右侧色块颜色为#FFFFFF，如图 10-32 所示。

(25) 鼠标单击绘图工具栏中的"颜料桶工具"，然后给两个圆及中间部分填充线性渐变颜色，如图 10-33 所示。

图 10-32　设置"颜色"面板

图 10-33　设置颜色

(26) 选中绘图工具栏中"颜料桶工具"，然后在对应的颜色栏中设置颜料桶的颜色为#996633，如图 10-34 所示。

(27) 用"颜料桶工具"为圆外的两弧线间填充设置好的颜色，如图 10-35 所示。

图 10-34　设置填充颜色

(28) 使用绘图工具栏中的"箭头工具"，选中灯图层中对象的所有边框线，按 Delete

键，将它们全部删除，如图 10-36 所示。

　　(29) 将边框线全部删除后，使用绘图工具栏中的"箭头工具"框选中灯座，选择"修改"｜"组合"命令(或者使用 Ctrl+G 组合键)，将灯座的各部分组合成一个整体，如图 10-37 所示。

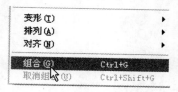

图 10-35　填充设置好的颜色　　图 10-36　删除边框线　　图 10-37　选择"组合"命令

10.2.3　制作灯罩

　　制作灯罩的具体操作步骤如下。

　　(1) 使用绘图工具栏中的"线条工具"，在灯图层中绘制三条直线段，位置如图 10-38 所示。

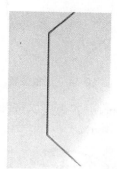

图 10-38　绘制线段

　　(2) 使用绘图工具栏中的"箭头工具"，对这三条线段进行变形，将它们调整为弧形，如图 10-39 所示。

图 10-39　调整线段形状

　　(3) 选中变形后的线段，使用 Ctrl+D 键复制，然后选择"修改"｜"变形"｜"水平翻转"命令，将它水平翻转，如图 10-40 所示。

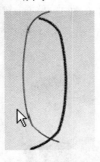

图 10-40　调整弧线

(4) 使用光标移动键，将它移动到合适的位置，如图 10-41 所示。

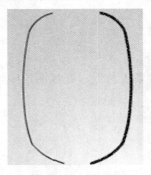

图 10-41　调整位置

(5) 在两条弧线中间绘制一个椭圆，大小可以将两条弧线的上端连接，通过光标移动键对它的位置进行调整，如图 10-42 所示。

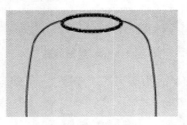

图 10-42　绘制椭圆

(6) 同理，在两条弧线的下端也绘制一个椭圆，大小以连接两条弧线的下端为宜，如图 10-43 所示。

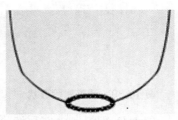

图 10-43　绘制下端椭圆

(7) 在上端两条直线相接的位置绘制一条水平直线，如图 10-44 所示。

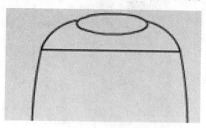

图 10-44　绘制直线

(8) 使用绘图工具栏中的"箭头工具"，对所绘制的直线进行变形，将它变为弧线，如图 10-45 所示。

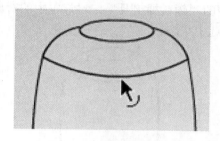

图 10-45　调整线段形状

(9) 同理，在下端两条线段相接的位置绘制一条水平直线。通过"箭头工具"将它调整为弧线，如图 10-46 所示。

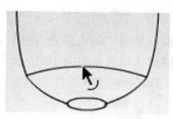

图 10-46　调整线段形状

(10) 使用绘图工具栏中的"箭头工具"，将灯罩部分全部框选中。在"属性"面板中设置线条的属性，颜色为黑色，粗细为 2，类型为"点状线"，如图 10-47 所示。

图 10-47　设置线段属性

(11) 打开"颜色"面板，单击"填充颜色"按钮，选择填充颜色为白色。Alpha 值设置为 20%，按 Enter 键确认设置，如图 10-48 所示。

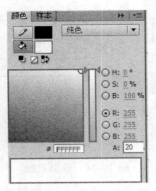

图 10-48 设置"颜色"面板

(12) 单击绘图工具栏中的"颜料桶工具",对灯罩中的对应位置填充设置好颜色。如图 10-49 所示,填充颜色为选中状态。

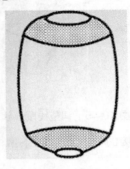

图 10-49 填充 Alpha 值为 20%的白色

(13) 再次打开"颜色"面板,单击"填充颜色"按钮,选择填充颜色为＃FFCC33。Alpha 值设置为 20%,按 Enter 键确认设置。如图 10-50 所示。

图 10-50 设置颜色

(14) 单击绘图工具栏中的"颜料桶工具",对灯罩中的对应位置填充设置好的颜色。如图 10-51 所示,填充颜色选中状态。

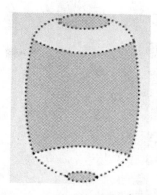

图 10-51　填充 Alpha 值为 20%的#FFCC33

(15) 设置好填充颜色后，全部框选中，使用 Ctrl+G 组合键将它组合成一个整体，如图 10-52 所示。

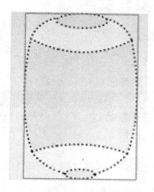

图 10-52　组合对象

(16)鼠标拖动组合后的灯罩，将它放置在灯座上，如图 10-53 所示。

图 10-53　组合对象

(17) 灯座与灯罩的大致位置调整好后，选中两个群组对象。打开"对齐"面板，使两者不相对于舞台水平居中对齐，如图 10-54 所示。

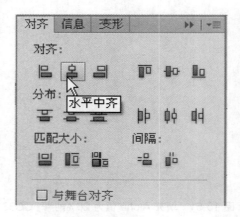

图 10-54　设置对齐方式

10.2.4　制作灯罩上的图案与文字

制作灯罩图案与文字的具体操作步骤如下。

(1) 选择"文件"｜"导入"｜"导入到库"命令，导入图片 pic1，如图 10-55 所示。

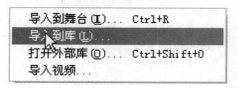

图 10-55　选择"导入到库"命令

(2) 使用 Ctrl+L 组合键打开"图库"面板，将"图库"面板中刚刚导入的位图拖曳到灯图层的舞台中，如图 10-56 所示，缩小显示比例后的部分图。

图 10-56　将 pic1 放入舞台

(3) 使用组合键 Ctrl+B 打散舞台中的位图，将它转变为点状图形，如图 10-57 所示。

图 10-57　打散位图

（4）选择绘图工具栏中的"套索工具"，在对应的选项工具栏中选择"魔术棒工具"，同时单击设置魔术棒按钮，在弹出的"魔术棒设置"对话框中设置"阈值"为 10。单击"确定"按钮确认输入，如图 10-58 所示。

图 10-58　设置魔术棒

（5）将鼠标指针放入打散的图形的不需要的位置，当它由套索工具变为魔术棒工具时，单击鼠标左键，按 Delete 键，删除人物图形的背景，如图 10-59 所示。

图 10-59　删除背景

（6）同理，使用套索工具和橡皮擦工具两者相互搭配使用，将人物图形的所有背景全部删除，效果如图 10-60 所示，显示比例为 50%。

图 10-60　编辑完成后位图效果

(7) 单击选中人物图形，使用 Ctrl+G 组合键，将选中对象组合成一个整体，并调整它的大小，如图 10-61 所示。

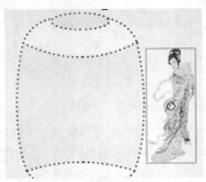

图 10-61　调整大小

(8) 使用绘图工具栏中的"箭头工具"，将组合后的图形拖曳到灯罩上，调整到合适的位置，如图 10-62 所示。

图 10-62　调整位置

(9) 单击绘图工具栏中的"文本工具"，并在文本工具的"属性"面板中设置字体为华文行楷，字号为 14 号，颜色为黑色，对齐方式为顶对齐，如图 10-63 所示。

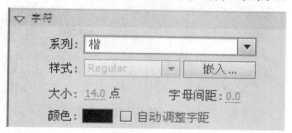

图 10-63　设置文本属性

（10）单击文本"属性"面板中的"改变文本方向"按钮，将文本方向设置为"垂直，从左向右"，如图 10-64 所示。

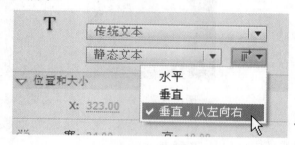

图 10-64　设置文本方向

（11）在灯罩上单击，在文本框中输入文本"海上生明月，天涯共此时"，效果如图 10-65 所示。

图 10-65　输入文本

10.2.5　制作灯光

制作灯光的具体操作步骤如下。

（1）选择"插入" | "新建元件"命令，在弹出的"创建新元件"对话框中设置名称为"光"，类型为"影片剪辑"，鼠标单击"确定"按钮，确认设置，如图 10-66 所示。

图 10-66　新建"光"元件

(2) 在光元件的编辑区内，使用椭圆工具绘制一个正圆。没有边框颜色，填充颜色任意，如图 10-67 所示。

图 10-67　绘制圆

(3) 使用 Ctrl+I 组合键打开"信息"面板，在"信息"面板中设置圆的大小为 150×150，位置垂直水平居中，如图 10-68 所示。

图 10-68　设置"信息"面板

(4) 打开"颜色"面板，在"颜色"面板中设置圆的填充颜色为"径向渐变"填充颜色。左侧色块颜色为#FFFF00，Alpha 值为 100%，中间色块颜色为#FFFF6E，Alpha 值为 70%，右侧色块颜色为#FFFFCC，Alpha 值为 0%，如图 10-69 所示。

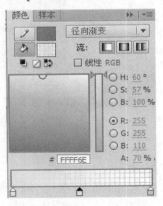

图 10-69　设置"颜色"面板

(5) 设置好圆的填充颜色后，光的效果将变为如图 10-70 所示。

图 10-70　光的效果

(6) 在第 5 帧和第 10 帧处插入关键帧，使用 Ctrl+T 组合键打开"变形"面板，将第 5 帧处的对象放大到的原来的 150%，如图 10-71 所示。

图 10-71　设置"变形"面板

(7) 在第 1 帧和第 5 帧之间，鼠标任意右击任何一帧，在弹出的快捷菜单中选择"创建补间形状"命令，如图 10-72 所示。

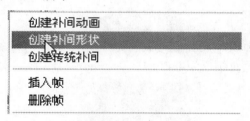

图 10-72　选择形状补间

(8) 同理，在第 5 帧和第 10 帧之间也创建形状补间动画，如图 10-73 所示。

图 10-73　创建形状补间动画

(9) 选择"插入"｜"新建元件"命令，在弹出的"创建新元件"对话框中设置名称为"火焰"，类型为"影片剪辑"，单击"确定"按钮，确认设置，如图 10-74 所示。

图 10-74　创建火焰元件

(10) 使用绘图工具栏中的"椭圆工具"，在火焰元件的编辑区内的第 1 帧处绘制一个椭圆，如图 10-75 所示。

图 10-75　绘制椭圆

(11) 打开"颜色"面板，设置填充颜色为"线性渐变"，左侧色块颜色为#FFFF99，Alpha 值为 100%；右侧色块颜色为#FFFF1B，Alpha 值为 30%，如图 10-76 所示。

图 10-76　设置填充颜色

(12) 使用绘图工具栏中的"颜料桶工具"，为椭圆填充颜色，如图 10-77 所示。

图 10-77　填充后效果

(13) 在绘图工具栏中选择"填充变形工具"，将椭圆的填充颜色进行编辑，最终效果如图 10-78 所示。

图 10-78　选择"变形工具"编辑

(14) 在第 2 帧到第 7 帧依次插入关键帧。在绘图工具栏中选择"箭头工具"，然后通过"箭头工具"对椭圆进行变形，将它变为火焰形状，如图 10-79 所示。

图 10-79　将椭圆变形

(15) 在第 2 帧处插入关键帧，然后将第 2 帧中的对象再通过"箭头工具"进行形状上的改变，如图 10-80 所示。

图 10-80　编辑第 2 帧中对象

(16) 在第 3 帧到第 7 帧中使用"箭头工具"依次对其中的对象进行编辑。最后在第 10 帧处插入普通帧，如图 10-81 所示。

图 10-81　完成后的火焰元件

(17) 选择"插入"｜"新建元件"命令，在弹出的"创建新元件"对话框中设置名称为"火"，类型为"影片剪辑"，单击"确定"按钮，确认设置，如图 10-82 所示。

图 10-82　创建"火"元件

(18) 在"火"元件的编辑区内，使用"铅笔工具"在工作区中绘制一小段平滑的曲线。颜色为红色，粗线为 3，如图 10-83 所示。

图 10-83　绘制灯芯

(19) 将图层 1 重命名为"灯芯"。在灯芯图层上新建图层 2，重新命名为"火焰"。将图库中的火焰元件拖曳到工作区中灯芯的上部，如图 10-84 所示。

图 10-84　拖放火焰

(20) 在火焰图层上新建图层 3，重新命名为"光"。将图库中的光元件拖曳到工作区中火焰的中上部，如图 10-85 所示。

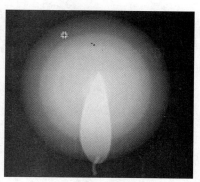

图 10-85　拖放光元件

10.2.6　制作有光亮的仿古灯

制作有光亮的仿古灯，具体操作步骤如下。

(1) 单击场景 1，返回到场景中，在灯图层上新建一个图层，命名为"火"，如图 10-86 所示。

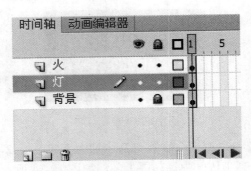

图 10-86　新建火图层

（2）将图库中的火元件拖曳到为图层的第 1 帧的舞台上，放在合适位置，如图 10-87 所示。

图 10-87　拖放"火"元件

（3）至此，完整的动画已经完成。测试调整完毕，选择"文件"｜"保存"命令保存 flash 文档。使用 Ctrl+Enter 组合键测试动画，可以看到完整作品的动画效果，如图 10-88 所示。

图 10-88　测试效果

10.3　课后练习——爆竹效果

本练习中制作的爆竹效果是通过形状补间和运动补间动画来完成燃爆过程的，效果如图 10-89 所示。

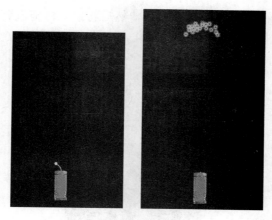

图 10-89　动画效果

（1）设置舞台大小为 300×400，背景颜色为黑色，将爆竹图片拖放到舞台中的底部，如图 10-90 所示。

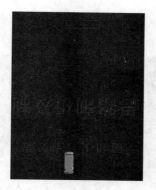

图 10-90　放置爆竹

（2）新建一图层，利用"铅笔工具"绘制爆竹捻，通过形状补间动画来实现燃烧后由长到短的变形效果，如图 10-91 所示。

图 10-91　设置爆竹捻的变化

（3）在爆竹捻由长变短的过程中，需要对火花进行设置。新建一影片剪辑元件，在元件编辑区中利用"矩形工具"绘制多角星形，然后将此元件拖放到舞台中，通过运动补间动画来完成火花随爆竹捻的变化而发生的变化，如图10-92所示。

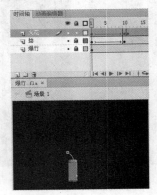

图 10-92　设置火花的变化

(4) 制作爆竹点燃后在天空中的变化。新建一元件，在元件的编辑区中放置多角星形。其中，在第 15 帧处插入关键帧，将所有多角星形都放置在同一位置，在最后一帧将所有多角星形散布开，并且 Alpha 值全部设置成 10%，如图 10-93 所示。

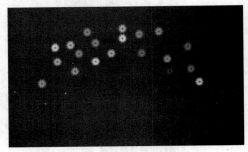

图 10-93　设置最后一帧

(5) 其中，每个多角星形都占一个图层，时间轴的结构，如图 10-94 所示。

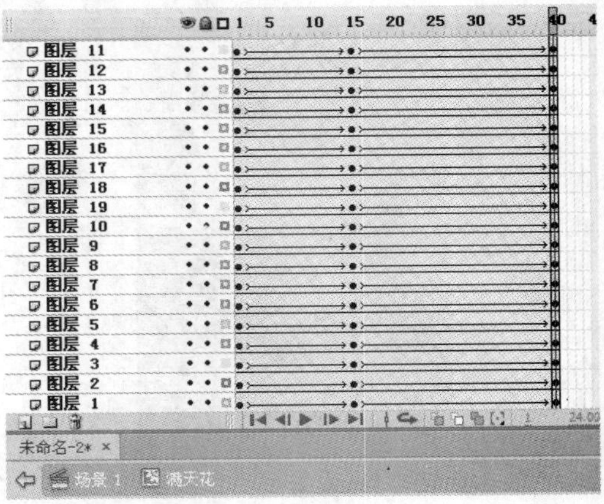

图 10-94　图层结构

(6) 在上一元件中的最上一个图层中新建一图层，将火球放入第一帧，位置与多角星形重合。在第 15 帧处也插入关键帧，火球的位置仍然与多角星形重合，然后创建运动补间动画。在第 16 帧处插入空白关键帧，如图 10-95 所示。

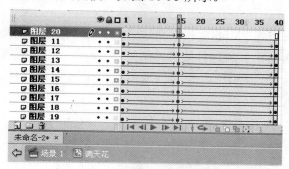

图 10-95　设置火球

最后，在场景的火花图层中的第 11 帧处插入空白关键帧，并将满天花元件拖放到场景的舞台中，放置在爆竹捻的上端即可。至此，完整的动画已经完成。这时按 Ctrl+Enter 组合键测试动画，可以看到完整作品的动画效果。测试调整完毕，选择"文件" | "保存"命令保存动画。

第 11 章　形变动画——制作翻页效果

本章通过"书本翻页效果"的制作，介绍形变动画的制作方法及控制命令实现动画的基本技能。"书本翻页效果"的运行效果，如图 11-1 所示。本章首先介绍文档属性的设置，制作按钮、箭头、页群元件、左翻页效果、右翻页效果，最后用控制语句完成动画运动。

图 11-1　最终效果

11.1　思路剖析及制作流程

整个实例的创建过程如图 11-2 所示。

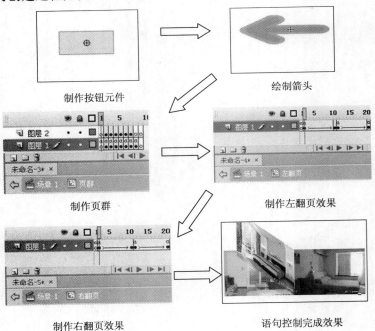

图 11-2　"书本翻页效果"制作流程

11.2　书本的翻页效果

11.2.1　设置文档属性

设置文档属性，具体的操作步骤如下。

(1) 新建 Flash 文档，右击工作区域，在弹出的快捷菜单中选择"文档属性"命令，如图 11-3 所示。

(2) 在弹出的"文档设置"对话框中设置舞台大小为宽 700 像素、高 600 像素、背景颜色为白色，单击"确定"按钮，如图 11-4 所示。

图 11-3　选择"文档属性"命令

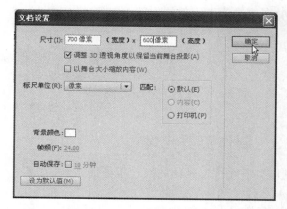

图 11-4　设置文档属性

11.2.2　制作隐藏按钮

制作隐藏按钮具体的操作步骤如下。

(1) 选择"插入"｜"新建元件"命令，在弹出的"创建新元件"对话框中输入元件名称为"按钮"，类型为"按钮"，单击"确定"按钮，如图 11-5 所示。

(2) 在按钮元件内部，时间轴的第 4 帧处插入关键帧，此时它是空白关键帧，如图 11-6 所示。

图 11-5　创建按钮元件

图 11-6　插入关键帧

(3) 在第 4 帧处绘制一个没有边框线，颜色任意的矩形，利用"对齐"面板将它与中心点垂直水平中齐，如图 11-7 所示。

(4) 选择"插入"｜"新建元件"命令，在弹出的"创建新元件"对话框中输入元件名称为"箭头"，类型为"影片剪辑"，单击"确定"按钮，如图 11-8 所示。

图 11-7 绘制矩形

图 11-8 创建"箭头"元件

(5) 在"箭头"元件的内部绘制箭头，如图 11-9 所示。

图 11-9 创建箭头元件

11.2.3 制作页群元件

制作页群元件，具体的操作步骤如下。

(1) 选择"插入"|"新建元件"命令，如图 11-10 所示。

(2) 在弹出的"创建新元件"对话框中为新元件命名为"页群"，类型为"影片剪辑"，如图 11-11 所示。

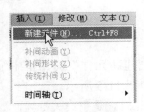

图 11-10 选择"新建元件"命令

图 11-11 创建"页群"元件

(3) 在第 1 帧处绘制一个没有边框线，填充颜色为#FFCF31，大小为 300×200 的矩形，如图 11-12 所示。

(4) 利用"对齐"面板将绘制的矩形相对于编辑区的中心点左对齐，垂直中齐，如图 11-13 所示。

图 11-12 绘制矩形

图 11-13 对齐矩形

(5) 使用"文本工具"在矩形上输入文本"室内设计欣赏",并在"属性"面板中对文本属性进行设置,如图 11-14 所示。

(6) 在第 1 帧处输入停止命令。新建一个图层 2,在图层 2 的第 1 帧中输入文本"打开",并将按钮放置其中,如图 11-15 所示。

图 11-14　设置文本属性　　　　　　　图 11-15　编辑图层 2 第 1 帧

(7) 选择"文件"|"导入"|"导入到库"命令,将所需要的图片导入到本文档的图库中,如图 11-16 所示。

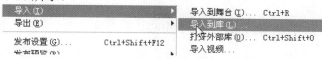

图 11-16　选择"导入到库"命令

(8) 在两个图层的第 2 帧处,分别插入空白关键帧,将导入到图库的其中一张图片拖动到图层 1 的第 2 帧的编辑区中,并将图片大小设置为 300×200,如图 11-17 所示。

(9) 利用"对齐"面板将它相对于编辑区的中心点左对齐,垂直中齐,如图 11-18 所示。

图 11-17　设置大小　　　　　　　图 11-18　对齐图片

(10) 单击绘图栏中的"文本工具",在图片上输入数字 1,在"属性"面板中设置文本属性,如图 11-19 所示。

(11) "属性"面板设置完成后,鼠标拖动它,将它放置在合适的位置,如图 11-20 所示。

图 11-19　设置文本属性　　　　　　　图 11-20　放置在合适位置

(12) 单击第 2 帧，打开"动作"面板，在"动作"面板中输入停止命令。此时，时间轴中的内容如图 11-21 所示。

(13) 在图层 2 的第 2 帧处，分别将箭头和按钮放入编辑区，位置如图 11-22 所示。

图 11-21　输入控制命令

图 11-22　放置箭头和按钮

(14) 在第 3 帧处插入空白关键帧，拖入第 2 张图片，设置大小仍为 300×200，如图 11-23 所示。

(15) 打开"对齐"面板，将图片相对于中心点左对齐，垂直中齐，如图 11-24 所示。

图 11-23　设置大小后效果

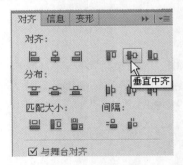

图 11-24　设置对齐中心点

(16) 单击第 3 帧，打开"动作"面板，输入"停止控件"命令。

(17) 在对应的图层 2 的第 3 帧处放入箭头和按钮，如图 11-25 所示。

(18) 同理，插入关键帧，将其他图片拖入进来，设置大小、对齐方式，然后给关键帧添加控制命令，在相应的图层 2 中放入按钮和箭头，如图 11-26 所示(注意，在图层 2 的第 7 帧处不放置按钮和箭头)。

图 11-25　放入箭头和按钮

图 11-26　完成图片的放入

11.2.4 制作翻页元件

制作翻页元件,具体的操作步骤如下。

(1) 选择"文件"|"新建元件"命令,在弹出的"创建新元件"对话框中输入元件名称为"左翻页",类型为"影片剪辑",单击"确定"按钮,如图 11-27 所示。

(2) 打开左翻页元件,在左翻页内部,在第 1 帧处将页群元件拖放到编辑区,如图 11-28 所示。

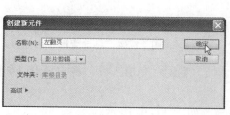

图 11-27 创建左翻页元件

图 11-28 对齐中心点

(3) 单击编辑区内的图片,在"属性"面板中,给此实例命名为 youmian,如图 11-29 所示。

(4) 在第 10 帧处单击 F6 键插入关键帧,并打开"变形"面板,在"变形"面板中将第 10 帧中的对象变形,如图 11-30 所示。

图 11-29 命名实例

图 11-30 变形对象

(5) 在第 1～10 帧之间,鼠标右键单击任何一帧,在弹出的快捷菜单中选择"创建补间动画"命令,如图 11-31 所示。

(6) 在第 11 帧处插入空白关键帧,并再次将页群元件拖放到舞台中,相对于中心点右对齐,垂直中齐,如图 11-32 所示(右侧双线所框中心点为本元件编辑区的中心点,中间的为页群实例的变形中心点,左侧为页群元件编辑区的中心点)。

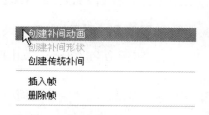

图 11-31 选择"创建补间动画"命令

图 11-32 设置对齐属性

(7) 单击舞台中的页群实例,打开"属性"面板,在"属性"面板中给实例命名为

zuomian，如图 11-33 所示。

(8) 单击绘图工具栏中的"任意变形工具"，将页群实例的变形中心点放到编辑区的中心点处，如图 11-34 所示。

图 11-33　命名实例　　　　　　　　　图 11-34　移动变形中心点

(9) 在第 20 帧处插入关键帧，返回到第 11 帧，利用"变形工具"将它变形，如图 11-35 所示。

(10) 在第 11～20 帧之间创建运动补间动画，如图 11-36 所示。

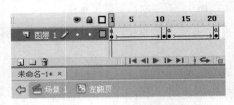

图 11-35　设置变形属性　　　　　　　图 11-36　创建运动补间动画

(11) 选择"文件"｜"新建元件"命令，在弹出的"创建新元件"对话框中输入元件名称为"右翻页"，类型为"影片剪辑"，单击"确定"按钮，如图 11-37 所示。

(12) 在右翻页内部，在第 1 帧处将页群元件拖放到编辑区。并相对于舞台右对齐，垂直中齐，然后利用"任意变形工具"将变形中心点移动到编辑区的中心点位置，如图 11-38 所示。

图 11-37　创建右翻页元件　　　　　　图 11-38　对齐中心点

(13) 单击编辑区内的图片，在"属性"面板中，给此实例命名为 zuo，如图 11-39 所示。

(14) 在第 10 帧处按 F6 键插入关键帧，并打开"变形"面板，在"变形"面板中将第 10 帧中的对象变形，如图 11-40 所示。

图 11-39　命名实例

图 11-40　变形对象

(15) 在第 1～10 帧之间，用鼠标右键单击任何一帧，在弹出的快捷菜单中选择"创建补间动画"命令，如图 11-41 所示。

(16) 在第 11 帧处插入空白关键帧，并再次将页群元件拖放到舞台中，相对于中心点右对齐，垂直中齐。并利用"任意变形工具"，将页群实例的变形中心点放到编辑区的中心点处，如图 11-42 所示。

图 11-41　选择"创建补间动画"命令

图 11-42　对齐中心点

(17) 选择舞台中的页群实例，打开"属性"面板，在"属性"面板中给实例命名为 you，如图 11-43 所示。

(18) 在第 20 帧处插入关键帧，返回到第 11 帧，利用"变形工具"将它变形，如图 11-44 所示。

图 11-43　命名实例

图 11-44　设置变形属性

(19) 在第 11～20 帧之间创建运动补间动画，如图 11-45 所示。

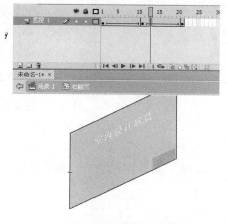

图 11-45　创建运动补间动画

11.2.5 制作动画

制作动画的具体操作步骤如下。

(1) 将图层 1 重新命名为"页群",拖入两个页群元件到舞台中,放到合适位置,如图 11-46 所示。

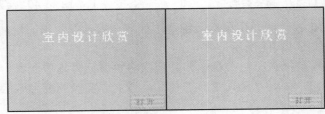

图 11-46　放置页群实例

(2) 单击左侧的页群实例,打开"属性"面板,在"属性"面板中给它重新命名为 zuoye,如图 11-47 所示。

(3) 单击左侧的页群实例,打开"属性"面板,在"属性"面板中给它重新命名为 youye,如图 11-48 所示。

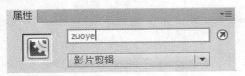 

图 11-47　命名为 zuoye　　　　　　　　图 11-48　命名为 youye

(4) 在页群图层上方新建一个图层,命名为"翻页"。打开"图库"面板,将左翻页放在本图层上,位置与页群图层右侧的页群的位置重合。选中左翻页实例,在"属性"面板中给实例命名为 zuofan,如图 11-49 所示。

(5) 将右翻页放在本图层上,位置与页群图层左侧的页群的位置重合。选中右翻页实例,在"属性"面板中给实例命名为 youfan,如图 11-50 所示。

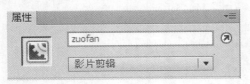 

图 11-49　命名为 zuofan　　　　　　　　图 11-50　命名为 youfan

(6) 在翻页图层上新建一个图层,命名为 as,在 as 图层的第一帧处输入控制命令,如图 11-51 所示。

(7) 打开左翻页元件,进入到内部,在第 1 帧处插入一空白关键帧。并输入停止命令。在第 2 帧、第 12 帧和第 21 帧中输入控制命令,如图 11-52 所示。

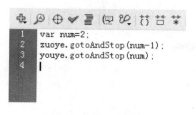

图 11-51 输入命令

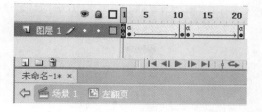

图 11-52 输入命令后的时间轴效果

(8) 打开右翻页元件，进入到内部，在第 1 帧处插入一空白关键帧，并输入停止命令。在第 2 帧、第 12 帧和第 21 帧中输入控制命令，如图 11-53 所示。

(9) 打开页群元件进入到内部，在第 1 帧处插入空白关键帧，并输入控制命令，然后再为每一帧中的按钮实例输入控制命令。

(10) 至此，完整的动画已经完成。测试调整完毕后，使用菜单"文件"｜"保存"命令保存 Flash 文档。这时按 Ctrl+Enter 组合键测试动画，可以看到完整作品的动画效果，如图 11-54 所示。

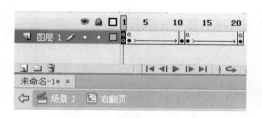

图 11-53 输入命令后的时间轴效果

图 11-54 测试效果

11.3 课后练习——爱跟着鼠标走

本练习中制作的"爱跟着鼠标走"是通过逐帧动画及按钮来完成文字跟着鼠标走，鼠标走到哪里文字就跟到哪里的效果，具体的测试效果，如图 11-55 所示。

图 11-55 动画效果

(1) 制作文本的影片剪辑元件，在其中输入文本，然后通过逐帧动画，每一个关键帧中的文本颜色各不相同，制作出文本颜色不断变化的动态效果，如图 11-56 所示。

(2) 制作按钮,按钮的第 1 帧为空白帧,第 2 帧内放入文本元件,并将它相对于舞台左对齐,垂直居中对齐,如图 11-57 所示。

图 11-56 制作影片剪辑

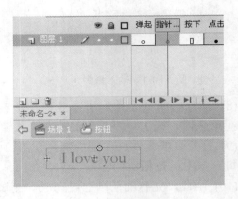
图 11-57 制作按钮第 2 帧

(3) 在按钮的第 4 帧处绘制一个大小为 4×16 的没有边框的矩形,颜色任意,然后将它与编辑区中的中心点对齐,如图 11-58 所示。

(4) 在场景中将按钮元件排满整个舞台,横排和纵排都要没有空隙,如图 11-59 所示。

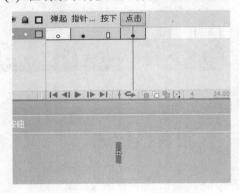
图 11-58 对齐中心点

图 11-59 排满舞台

第 12 章 按钮动画——拍照效果

本章通过"拍照效果"的制作，介绍绘图工具栏中部分工具的组合使用，遮罩动画制作的基本操作。"拍照效果"的动画效果如图 12-1 所示。本章首先介绍文档属性的设置，然后是用矢量工具绘制矩形、编辑图形、制作遮罩效果、制作按钮、插入声音、制作遮丑图形。

图 12-1 最终效果

12.1 思路剖析及制作流程

整个实例的创建过程如图 12-2 所示。

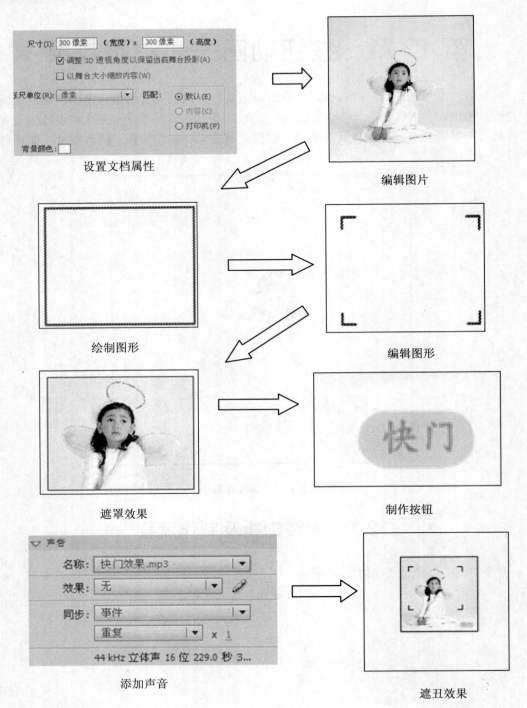

设置文档属性

编辑图片

绘制图形

编辑图形

遮罩效果

制作按钮

添加声音

遮丑效果

图 12-2 "拍照效果"制作流程

12.2 拍 照 效 果

12.2.1 设置文档属性

设置文档属性的具体操作步骤如下。

(1) 新建 Flash 文档，右击工作区域，在弹出的快捷菜单中选择"文档属性"命令，如图 12-3 所示。

(2) 在弹出的"文档设置"对话框中设置舞台大小为宽 300 像素、高 300 像素，背景颜色为白色，单击"确定"按钮，如图 12-4 所示。

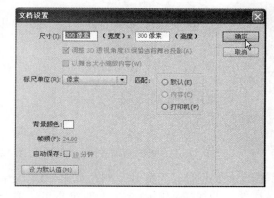

图 12-3 选择"文档属性"命令　　　　图 12-4 设置文档属性

12.2.2 制作拍照过程

制作拍照过程的具体操作步骤如下所示。

(1) 选择"插入"|"新建元件"命令，如图 12-5 所示。

(2) 在弹出的"创建新元件"对话框中对新建元件命名为"图片"，类型为"影片剪辑"，单击"确定"按钮，如图 12-6 所示。

图 12-5 选择"新建元件"命令　　　　图 12-6 设置"创建新元件"对话框

(3) 在"图片"元件中导入图片"孩子"，方法是选择"文件"|"导入"|"导入到库"命令，如图 12-7 所示。

(4) 将图库中的"孩子"图片拖入到图片元件的编辑区，然后利用"信息"面板对它的大小进行设置，大小为 300×300，如图 12-8 所示。

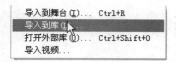

图 12-7　图片导入到库

图 12-8　设置"信息"面板

　　(5) 设置好图片在编辑区的大小后，再利用"对齐"面板将它相对于舞台垂直水平居中，如图 12-9 所示。

　　(6) 返回场景，将图片元件拖放到舞台上，利用"对齐"面板将元件实例与舞台完全重合，如图 12-10 所示。

图 12-9　调整位置

图 12-10　实例在舞台中位置

　　(7) 将图层 1 重新命名为图片，然后在第 10 帧处插入关键帧，右击第 1～10 帧之间的任何一帧，在弹出的快捷菜单中选择"创建补间动画"命令，如图 12-11 所示。

　　(8) 利用"信息"面板将第 10 帧中的实例大小更改为 400×400。设置完成后按 Enter 键确认设置，如图 12-12 所示。

图 12-11　选择动画补间

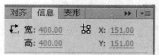

图 12-12　设置"信息"面板

　　(9) 设置大小完成后，仍然利用"对齐"面板将放大的实例相对于舞台垂直水平居中，如图 12-13 所示。

　　(10) 在第 12 帧处插入普通帧。接下来在图片图层上方新建一图层，命名为"遮罩"，在第 12 帧处插入关键帧，如图 12-14 所示。

图 12-13　调整实例位置

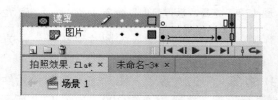

图 12-14　时间轴内容

(11) 在遮罩图层的第 12 帧处绘制没有边框线，填充色任意的矩形，大小为 210×170。设置完成后，按 Enter 键确认设置，如图 12-15 所示。

图 12-15　设置大小

(12) 通过"选取工具"调整矩形的位置，具体位置以遮盖住想要拍摄的位置为宜。如图 12-16 所示为边框显示方式。

(13) 使用"墨水瓶工具"给矩形添加边框，颜色为#0000FF，如图 12-17 所示。

图 12-16　矩形位置

图 12-17　边框颜色

(14) 选中刚才添加的边框，按 Ctrl+X 组合键，将它剪切下来，然后在"遮罩"图层上方新建一图层，命名为"边框"，将剪切下来的边框粘贴到新图层的源位置，粘贴时按 Ctrl+Shift+V 组合键，如图 12-18 所示。

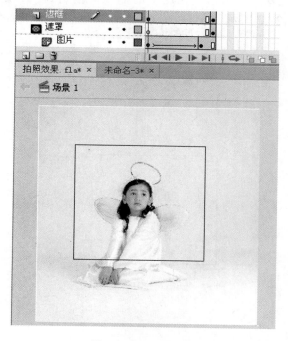

图 12-18　边框位置

(15) 选中"边框"图层中的第 1 帧，使用鼠标将它拖动到第 12 帧处。此时，"边框"图层的第 1 帧处没有任何内容，直到第 12 帧处边框才会出现，"边框"图层中时间轴内容，如图 12-19 所示。

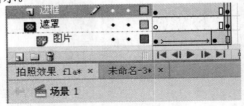

图 12-19 内容移动到第 12 帧

(16) 在"遮罩"图层上方新建一图层，命名为"闪光"。在"闪光"图层的第 11 帧处插入关键帧，选中绘图工具栏中的"矩形工具"，对它的颜色进行设置，无边框颜色，白色填充颜色，如图 12-20 所示。

(17) 设置好颜色后，在"闪光"图层的第 11 帧处，使用"矩形工具"绘制矩形。大小为 300×300，位置的横纵坐标分别为 0，如图 12-21 所示。

图 12-20 矩形颜色设置　　　图 12-21 设置"信息"面板

(18) 在"边框"图层上方新建一图层，命名为"界定线"，在"界定线"图层的第 2 帧处插入关键帧，然后复制"边框"图层中的框线，粘贴到"界定线"图层的第 2 帧处，位置不变，如图 12-22 所示。

图 12-22 粘贴边框

(19) 利用"选取工具",选择一部分线条删除。使角部形状变化如图 12-23 所示。

(20) 同理,利用选取工具,选择其余部分线条删除。将 4 个角全部保留,效果如图 12-24 所示。

图 12-23 保留角部

图 12-24 界定线

(21) 界定线编辑完成后,在第 11 帧处插入空白关键帧。右键单击"遮罩"图层,从弹出的快捷菜单中选择"遮罩层"命令。使"遮罩"图层遮罩下面的图层,如图 12-25 所示。

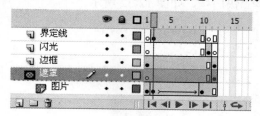

图 12-25 制作遮罩动画

12.2.3 制作按钮

制作按钮的具体操作步骤如下。

(1) 选择"文件"|"新建元件"命令,在弹出的"创建新元件"对话框中设置元件名称为"快门",类型为"按钮",单击"确定"按钮,如图 12-26 所示。

(2) 在工具栏的"矩形工具"上长按鼠标左键,在弹出的矩形列表中选择"基本矩形工具",如图 12-27 所示。

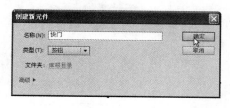

图 12-26 设置"创建新元件"对话框

图 12-27 选择"基本矩形工具"

(3) 在快门按钮元件的编辑区内绘制一个基本矩形,然后在绘图工具栏中选中"选取工具",使用"选取工具"拖动右上角的控制点向内移动形成圆角矩形,如图 12-28 所示。

(4) 设置圆角矩形的颜色，边框线颜色为#FFFFCE，填充颜色为#CEFF63。对"颜色"面板进行设置，如图 12-29 所示。

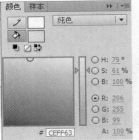

图 12-28　拖动控制点　　　　　　图 12-29　设置"颜色"面板

(5) 设置完成后，在编辑区内绘制矩形，大小为 60×30，如图 12-30 所示。

(6) 利用"对齐"面板将矩形相对于舞台垂直水平居中，如图 12-31 所示。

(7) 将图层 1 重命名为"矩形"，在矩形图层上新建一图层命名为"文字"。在"矩形"图层的点击帧上按 F5 键，插入普通帧。锁定"矩形"图层，在"文字"图层第 1 帧上利用文本工具输入文本"快门"，如图 12-32 所示。

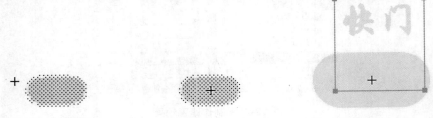

图 12-30　绘制矩形　　　　图 12-31　调整矩形位置　　　　图 12-32　输入文本

(8) 在文本对应的"属性"面板中设置字体为华文楷体，字号为 20 号，颜色为#00CFFF，如图 12-33 所示。

(9) 设置好字体属性后，调整文本位置，然后在"文本"图层的第 2 帧、第 3 帧处插入关键帧。在第 4 帧处插入普通帧，如图 12-34 所示。

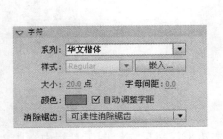

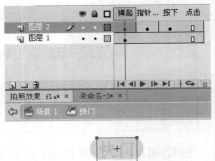

图 12-33　文本"属性"面板　　　　　　图 12-34　时间轴内容

(10) 选中"文本"图层中的第 2 帧，对第 2 帧中的文本进行缩放，如图 12-35 所示。

(11) 返回到场景中，在"界定线"图层上方新建一图层，命名为"按钮"。将制作好的按钮元件拖放到按钮图层第 1 帧的舞台中，如图 12-36 所示。

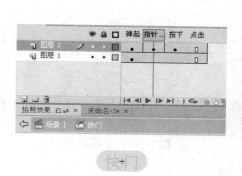

图 12-35　缩小对象

图 12-36　放置按钮

(12) 单击舞台中的按钮元件，按 F9 键，打开"动作"面板。在"动作"面板中输入命令，如图 12-37 所示。

(13) 在按钮图层上新建一图层，命名为 as，在 as 图层的第 11 帧处插入关键帧。按 F9 键打开"动作"面板，给两个关键帧添加命令是一样的，如图 12-38 所示。

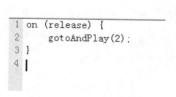

图 12-37　按钮中代码

图 12-38　关键帧中代码

12.2.4　添加声音

添加声音的具体操作步骤如下。

(1) 在 as 图层的上方新建一图层，命名为"声音"，在"声音"图层的第 9 帧处插入关键帧，如图 12-39 所示。

(2) 选择"文件" | "导入" | "导入到库"命令，将"快门音效"声音导入到图库中，如图 12-40 所示。

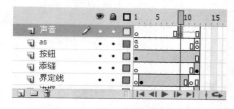

图 12-39　编辑"声音"图层

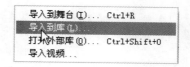

图 12-40　选择"导入到库"命令

(3) 单击"声音"图层的第 9 帧，单击"属性"面板中的"声音"下拉列表框，从中选择快门声效，如图 12-41 所示。

(4) 再次选中第 9 帧，在"属性"面板的"同步"下拉列表框中选择"数据流"。使声音和动画持续时间相同，同时结束，如图 12-42 所示。

图 12-41　选择声音

图 12-42　设置同步效果

12.2.5　制作遮丑效果

制作遮丑效果的具体操作步骤如下。

(1) 在"声音"图层上新建图层，名称为"遮丑"，如图 12-43 所示。

(2) 单击时间轴面板下方标签右侧的缩放比例下拉列表框的下拉按钮，从中选择 25%，如图 12-44 所示。

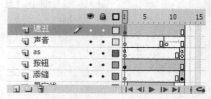

图 12-43　新建"遮丑"图层

(3) 选择"矩形工具"，在下面对应的选项面板中设置为无边框颜色，填充颜色为 #FFFFCE。如图 12-45 所示。

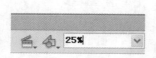

图 12-44　缩小舞台

图 12-45　设置颜色

(4) 在工作区绘制一个大矩形，将整个舞台全部遮罩住。如图 12-46 所示。

图 12-46　绘制矩形

(5) 使用边框显示方式，选择"矩形工具"，通过下面的对应选项面板设置边框颜色为#0000FF，填充颜色任意，如图 12-47 所示。

(6) 在工作区中绘制矩形将整个舞台全部遮罩住，如图 12-48 所示(边框显示方式)。

(7) 取消边框显示方式，利用"选取工具"，选中覆盖舞台的小矩形，然后按 Delete 键，将它删除，如图 12-49 所示。

图 12-47 设置框线颜色   图 12-48 绘制小矩形   图 12-49 删除矩形后的效果

(8) 在"遮丑"图层上新建一图层，命名为"添缝"，然后在第 10 帧处插入关键帧，效果如图 12-50 所示。

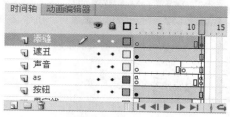

图 12-50 编辑"添缝"图层

(9) 分别将"遮丑"图层中的边框及"边框"图层中的边框复制粘贴到"添缝"图层的第 12 帧的当前位置，如图 12-51 所示。

(10) 利用"颜料桶工具"将两个边框之间的部分填充成黑色，如图 12-52 所示。

(11) 使用"选择工具"分别选中两个边框，按 Delete 键将它删除，如图 12-53 所示。

图 12-51 复制、粘贴边框   图 12-52 填充颜色   图 12-53 删除框线

(12) 鼠标拖动"添缝"图层到"按钮"图层之下，使按钮在整个动画过程中都是可见的，如图 12-54 所示。

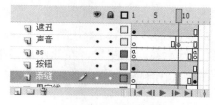

图 12-54 移动图层

(13) 至此，完整的动画已经完成。这时按 Ctrl+Enter 组合键测试动画，可以看到完整作品的动画效果。测试调整完毕，选择"文件"｜"保存"命令保存文档。测试后效果如图 12-55 所示。

图 12-55　测试效果

12.3　课后练习——手机广告

本练习中制作的手机广告是通过遮罩及逐帧、运动补间动画完成手机拍照及文字的变化效果，效果如图 12-56 所示。

图 12-56　动画效果

关键步骤 1：导入图片到图片元件中，然后新建一模糊元件，将图片元件放入其中，然后使用滤镜中的模糊效果将它变模糊，模糊 X 为 6，模糊 Y 为 3，如图 12-57 所示。

关键步骤 2：新建清晰小图片元件，将清晰图片导入进来，按 Ctrl＋B 组合键将它打散，通过"套索工具"选取要拍摄的部分，其余部分删除，如图 12-58 所示。

关键步骤 3：制作手机。将手机图片导入进来，然后按 Ctrl+B 键打散，利用"套索工具"选取手机，其他部分删除。然后新建一图层，在此图层中依照手机形状绘制一图形，遮盖住除手机屏之外的部分。最后制作遮罩效果，如图 12-59 所示。

图 12-57　制作模糊图片　　　　图 12-58　截取部分　　　图 12-59　制作遮罩效果

关键步骤 4：制作放射状背景元件，然后在背景层的第 10 帧处，通过更改不同关键帧中的实例的 Alpha 值及运动补间动画来实现背景的闪动效果，如图 12-60 所示。

关键步骤 5：完成手机拍摄动画。将模糊的图片放入背景层，将清晰小图片放在图层的第 7 帧处，在清晰小图片的第 8、11、15、25 帧处插入关键帧。在第 7 帧处通过属性面板中的高级设置，将亮度设为 88%，在第 15 帧和第 25 帧处创建补间动画。手机拖放到手机图层的第 2 帧处，在第 4 帧处插入关键帧。然后创建补间动画，同时也在第 11、15、25 帧处插入关键帧，并在第 15 帧和 25 帧处创建补间动画然后发生位移、大小的变化，如图 12-61 所示。

图 12-60　制作背景　　　　　　图 12-61　制作动画

关键步骤 6：制作变色的文字。在"文字"图层上输入文本，在"文字"图层的下方新建一图层，命名为"彩色"，绘制没有边框的彩色矩形，可以通过绘图工具栏中的"填充变形工具"将颜色进行调整,然后按 F8 键将它转换为元件,使其在彩色图层上进行运动补间动画。最后,由"文字"图层遮罩"彩色"图层,制作遮罩效果,如图 12-62 所示。

关键步骤 7:制作遮丑图形。在最上层新建一个图层,在图层的第 1 帧绘制一个没有边框线的矩形,用它将整个工具区全部覆盖,然后再绘制一个和舞台同样大小的矩形(颜色注意要不一样),然后两种颜色的矩形容在一起后,通过选中删除方法将舞台上的矩形删除,只露出舞台,如图 12-63 所示。

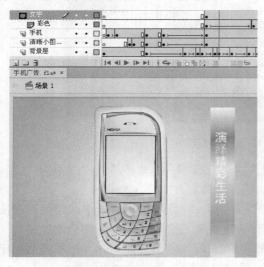

图 12-62 制作文字效果

图 12-63 制作遮丑图形

第 13 章　形状动画——展开与折起的扇子

本章通过"展开的扇子"的制作，介绍了逐帧动画与遮罩动画相结合来制作完成动画的基本技能。"展开的扇子"动画效果如图 13-1 所示。本章首先介绍文档属性的设置，然后用矢量形状绘制扇骨，接着介绍扇子的展开，最后介绍遮罩动画在扇子展开过程中的运用。

图 13-1　最终效果

13.1　思路剖析及制作流程

整个实例的创建过程如图 13-2 所示。

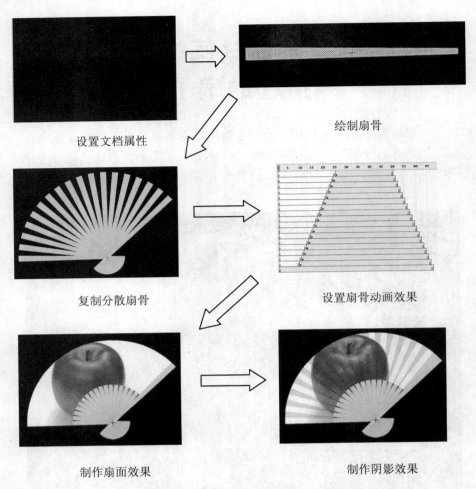

设置文档属性

绘制扇骨

复制分散扇骨

设置扇骨动画效果

制作扇面效果

制作阴影效果

图 13-2 "展开与折起的扇子"制作流程

13.2 展开与折起的扇子

13.2.1 设置文档属性

设置文档属性的具体操作步骤如下。

(1) 新建 Flash 文档，右击工作区域，在弹出的快捷菜单中选择"文档属性"命令，如图 13-3 所示。

(2) 在弹出的"文档设置"对话框中设置舞台大小为宽 600 像素、高 400 像素、背景颜色为黑色，如图 13-4 所示。

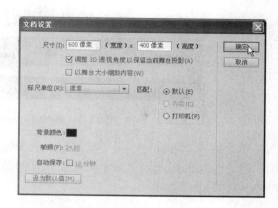

图 13-3 选择"文档属性"命令　　　　图 13-4 设置文档属性

13.2.2 制作扇骨

(1) 选择"插入"|"新建元件"命令，如图 13-5 所示。

(2) 在弹出的"创建新元件"对话框中对新建元件命名为"扇骨"，类型为"影片剪辑"，如图 13-6 所示。

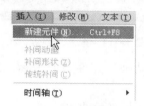

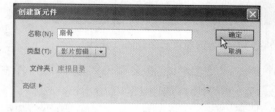

图 13-5 选择"新建元件"命令　　　图 13-6 设置"创建新元件"对话框

(3) 在"扇骨"元件中绘制一个宽为 360 像素、高为 20 像素的矩形，填充颜色为 #DCCFA2，笔触颜色为#CCB977 且笔触高度为 1，如图 13-7 所示。

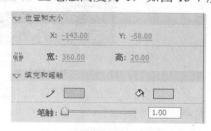

图 13-7 设置矩形属性

(4) 绘制矩形，如图 13-8 所示。

图 13-8 绘制矩形

247

中文版Flash CS6 网页动画设计教程

(5) 利用"选择工具"使一端高度变小(注意对称)。具体设置效果如图 13-9 所示。

图 13-9　调整扇骨一端

(6) 创建影片剪辑，名称为"扇子动画"，类型为"影片剪辑"，如图 13-10 所示。

(7) 把"扇骨"元件拖入到"扇子动画"元件的图层 1 中，将图层 1 重新命名为"扇骨"，如图 13-11 所示。

图 13-10　创建"扇子动画"元件

图 13-11　拖入"扇骨"元件

(8) 通过"信息"面板来调整"扇骨"元件在"扇子动画"元件中的坐标，X 坐标为-120、Y 坐标为 0，如图 13-12 所示。

(9) 选择"任意变形工具"，把中心点(小白圆)移到坐标原点(黑色的加号)处，如图 13-13 所示。

图 13-12　设置"信息"面板

图 13-13　调整变形中心点

(10) 选择"窗口"|"变形"命令(或使用 Ctrl+T 组合键)打开"变形"面板，选中"旋转"单选按钮并输入 8，如图 13-14 所示。

图 13-14　设置"变形"面板

(11) 单击右下角的第一个按钮"复制选区和变形"按钮。连续单击 17 次，共得到 18

248

个扇梗，如图 13-15 所示。

图 13-15 复制后效果

(12) 单击选中"扇骨"图层中的关键帧，选择"修改"｜"时间轴"｜"分散到图层"命令，如图 13-16 所示。

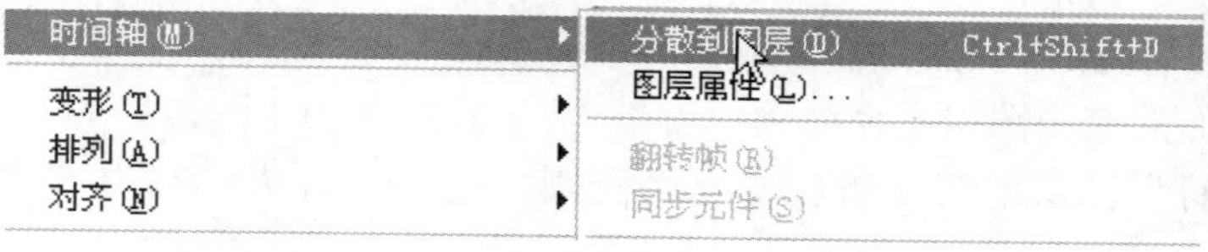

图 13-16 分散扇骨到各图层

(13) 将第 2 个"扇骨"图层中的第 1 个关键帧移动到第 10 帧处，如图 13-17 所示。

(14) 从第 3 个图层开始，每个图层均比前一图层向后移动 1 帧，如图 13-18 所示。

图 13-17 移动关键帧

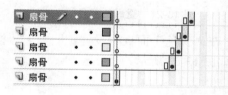

图 13-18 移动其他关键帧

(15) 将第 1 个扇骨图层延续到第 67 帧(缩小效果)，如图 13-19 所示。

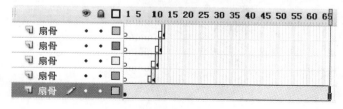

图 13-19 延长到 67 帧

(16) 将其他图层分别延续，如图 13-20 所示。

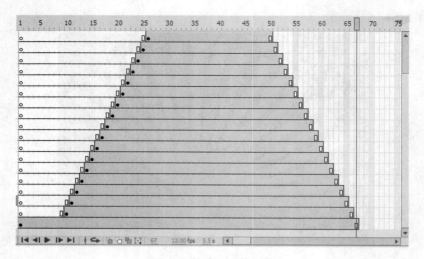

图 13-20　延续各图层的帧

13.2.3　制作铆钉

制作铆钉的具体操作步骤如下。

(1) 将最上面的空白图层重命名为"铆钉"，如图 13-21 所示。

(2) 在"铆钉"图层的第 1 帧上画一个正圆，宽为 6 像素、高为 6 像素，如图 13-22 所示。

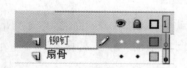

图 13-21　重命名图层

图 13-22　设置圆的大小

(3) 在"颜色"面板中设置正圆为无边框颜色，填充颜色为白色到深灰色的径向渐变填充，如图 13-23 所示。

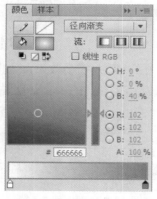

图 13-23　设置正圆颜色

(4) 设置圆的位置与十字加号对齐(放大效果)，如图 13-24 所示。

图 13-24 设置圆的位置

(5) 画一条水平直线，宽为 4 像素，笔触高度为 1，如图 13-25 所示。

图 13-25 设置线条属性

(6) 调整水平直线位置与十字加号垂直水平中齐(放大效果)，如图 13-26 所示。

图 13-26 调整水平直线位置

(7) 延长"铆钉"图层中的帧至第 67 帧处(即最后一帧)。

13.2.4 制作扇面

制作扇面的具体操作步骤如下。

(1) 在"铆钉"图层上方新建图层，名称为"扇面"，如图 13-27 所示。

(2) 在"扇面"图层中画一个正圆，无边框，宽高均为 601 像素，填充色任选，垂直水平中齐，如图 13-28 所示。

图 13-27 新建"扇面"图层

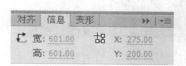

图 13-28 设置圆的属性

(3) 按 Ctrl+T 组合键打开"变形"面板，选中圆，将宽高均设置为 50%，如图 13-29

所示。

(4) 单击下面的第一个按钮即"复制选区和变形"按钮，复制一个小圆，如图 13-30 所示。

图 13-29　设置"变形"面板

图 13-30　复制后效果

(5) 将复制出的小圆填充另外一种颜色，如图 13-31 所示。

(6) 在图形外点击，然后选中小圆进行删除，得到一个圆环，如图 13-32 所示。

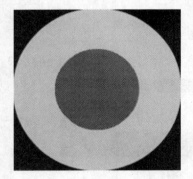

图 13-31　给小圆换颜色

图 13-32　环形效果

(7) 将第 1 帧拖放到第 26 帧处，然后在环形圆上拉出两条直线，如图 13-33 所示。

(8) 在图形外点击，再选中直线和下部分的环形进行删除，如图 13-34 所示。

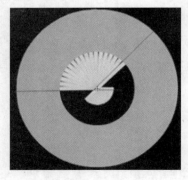

图 13-33　绘制直线

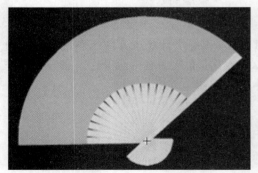

图 13-34　删除后效果

(9) 将第 26 帧拖放到第 10 帧处，然后在第 11～26 帧的所有帧处插入关键帧，如图 13-35 所示。

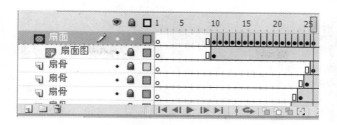

图 13-35 插入关键帧

(10) 在第 10 帧处，利用"直线工具"在扇骨左侧相应的位置绘制一条直线，如图 13-36 所示。

(11) 同理，在第 11 帧到 25 帧上利用直线工具分别在扇骨左侧绘制直线(注意直线要比扇面长)，如图 13-37 所示(第 2 帧处)。

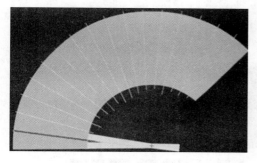

图 13-36 绘制直线

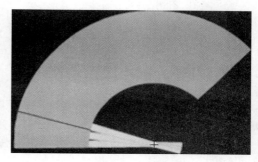

图 13-37 第 2 帧处

(12) 选中第 1 个关键帧，在图形外点击，分别选中直线和直线上面或右边的部分进行删除，如图 13-38 所示。

(13) 同理，依次选中后面的关键帧(26 帧除外)，删除多余的线段及填充，如图 13-39 所示。

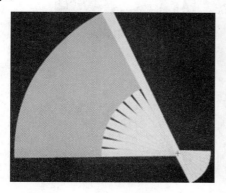

图 13-38 删除后的效果

图 13-39 最后效果

(14) 选中第 10～25 帧，在帧上按右键，在弹出的快捷菜单中选择"复制帧"命令，在该图层的第 51 帧处按右键，在弹出的快捷菜单中选择"粘贴帧"命令，如图 13-40 所示。

图 13-40　选择"复制帧"、"粘贴帧"命令

(15) 选择刚才粘贴的帧，按右键在弹出的快捷菜单中选择"翻转帧"命令；选择把"扇面"图层移到"铆钉"图层的下方，如图 13-41 所示。

(16) 在"扇面"图层下新建图层，名称为"扇面图"，如图 13-42 所示。

图 13-41　翻转帧　　　　　　　　　　　图 13-42　新建图层

(17) 在第 10 帧处插入关键帧，在该帧上导入一张图片，并延长帧至第 66 帧处，如图 13-43 所示。

(18) 选中"扇面"图层并设为遮罩，效果如图 13-44 所示。

图 13-43　导入图片　　　　　　　　　　图 13-44　遮罩效果

13.2.5　制作阴影效果

制作阴影效果的具体操作步骤如下。

(1) 在"扇面"图层上新建图层，名称为"阴影"，如图 13-45 所示。

(2) 选中"扇面"图层上的第 10 帧，复制帧，粘贴帧到"阴影"图层的第 10 帧处，在相应位置绘制一条直线(注意直线要比扇面长)，如图 13-46 所示。

图 13-45　新建"阴影"图层　　　　　　图 13-46　绘制直线

(3) 在图形外点击，再选中直线和下部分填充进行删除，如图 13-47 所示。

图 13-47 删除后效果

(4) 利用"颜色"面板把剩下的图形的填充颜色改为黑色，透明度设为 16%，如图 13-48 所示。

(5) 在第 11 帧处插入关键帧，选中图形，选择"任意变形工具"，把中心点(小白圆)移到坐标原点(黑色的加号)处，如图 13-49 所示。

图 13-48 设置"混色器"面板

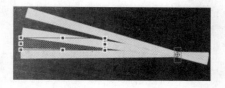

图 13-49 调整变形中心点

(6) 按 Ctrl+T 组合键打开"变形"面板，选中"旋转"单选按钮并输入 8，选择下面的"复制并应用变形"按钮，单击 1 次，让其顺时针旋转 8 度并复制一个，如图 13-50 所示。

(7) 在"阴影"图层的第 12 帧处插入关键帧，选中最上面的图形，选择"任意变形工具"，把中心点(小白圆)移到坐标原点(黑色的加号)处，如图 13-51 所示。

图 13-50 复制 1 次后效果

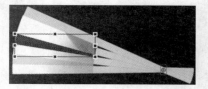

图 13-51 调整变形中心点

(8) 按 Ctrl+T 组合键打开"变形"面板，让其顺时针旋转 8 度并复制一个；以此类推，直到第 26 帧，效果如图 13-52 所示。

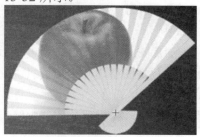

图 13-52 设置相应帧的阴影

(9) 选中第 10～25 帧，在帧上按右键在弹出的快捷菜单中选择"复制帧"命令，在该图层的第 51 帧处按右键在弹出的快捷菜单中选择"粘贴帧"命令，如图 13-53 所示。

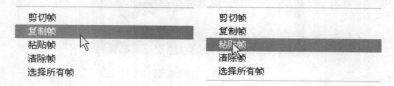

图 13-53　选择"复制帧"、"粘贴帧"命令

(10) 选中刚才粘贴的帧，按右键在弹出的快捷菜单中选择"翻转帧"命令。如图 13-54 所示。

(11)最后把"扇子动画"元件拖入到主场景中即可。至此，完整的动画已经完成。这时按 Ctrl+Enter 组合键测试动画，可以看到完整作品的动画效果。测试调整完毕，选择"文件"｜"导出"｜"导出影片"命令导出影片。

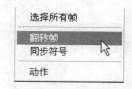

图 13-54　选择"翻转帧"命令

13.3　课后练习——变换的照片

本练习中制作的变换的照片是通过遮罩及时间上的前后关系来完成图片的显示，效果如图 13-55 所示。

图 13-55　动画效果

(1) 导入图片大小与舞台一致，利用"对齐"面板将图片与舞台完全重合，在第 132 帧处插入普通帧延续，如图 13-56 所示。

(2) 新建一图层，导入 4 张图片 da001、da002、da003、da004，设置合适大小。然后选择"修改"｜"时间轴"｜"分散到图层"命令，将四张图片分散到四个图层中，将空白图层删除。

(3) 在"da004"图层上新建一图层，在新建的图层中绘制一正圆，如图 13-57 所示。

图 13-56　设置舞台背景

图 13-57　绘制正圆

(4) 绘制一条水平线，然后与正圆垂直水平居中，调整好位置(取消相对于舞台居中)。然后选中水平线，利用"变形"面板旋转 30°，单击"复制并应用"按钮 5 次，复制出 5 条直线，删除直线的多余部分，如图 13-58 所示。

(5) 从第 3～23 帧处分别在奇数帧处插入关键帧。并按顺序依次对每个关键帧中的内容进行编辑操作，如图 13-59 所示。

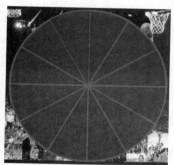

图 13-58　编辑直线

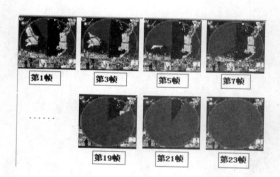

图 13-59　对关键帧的编辑

(6) 将此图层中的所有帧复制，在 da001、da002、da003 图层上新建图层，然后分别在新建的三个图层上粘贴帧。最后将它们全部设置为遮罩层，如图 13-60 所示。

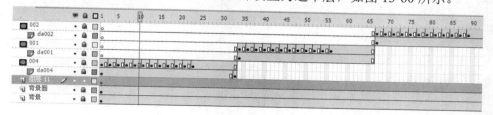

图 13-60　设置遮罩层

(7) 在背景图层上新建一图层名称为"背景圆"。然后在此图层中绘制圆，延续到第 132 帧，如图 13-61 所示。

(8) 新建一影片剪辑元件，在元件编辑区中输入文字并打散成单个的字，放置到合适的位置。然后在奇数帧处更改文字颜色，一直到第 9 帧，在第 10 帧插入普通帧。返回场景 1 中，在"背景圆"图层上新建一图层，将"字"元件拖放到此图层的第 1 帧上，调整位置，延续到 132 帧处(注意：可在舞台上先将文字排好位置，然后再转换成元件)，如图 13-62 所示，完成变换照片的制作。

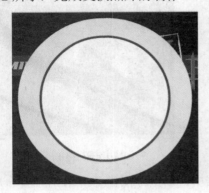

图 13-61 绘制圆

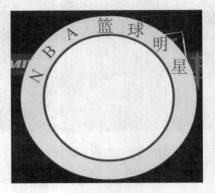

图 13-62 放入字元件

第14章 动作动画——瀑布

本章通过"飞流直下的瀑布"的制作，介绍了遮罩动画的基本制作过程及所需素材的制作。"飞流直下的瀑布"动画效果如图14-1所示。本章首先介绍文档属性的设置，然后绘制遮罩，接着截取瀑布及池水，最后使用遮罩动画让水动起来。

图 14-1　最终效果

14.1　思路剖析及制作流程

整个实例的创建过程，如图14-2所示。

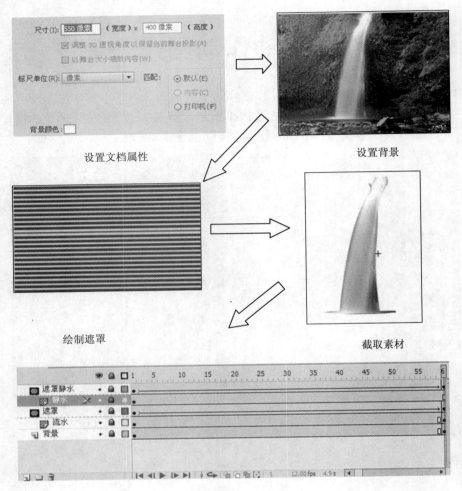

设置文档属性　　　　　　　　　　　　　设置背景

绘制遮罩　　　　　　　　　　　　　截取素材

制作动画效果

图 14-2　"瀑布"制作流程

14.2　瀑　　布

14.2.1　设置文档属性

设置文档属性的具体操作步骤如下。

(1) 新建 Flash 文档，右击工作区域，在弹出的快捷菜单中选择"文档属性"命令，如图 14-3 所示。

(2) 在弹出的"文档设置"对话框中设置舞台大小为宽 550 像素、高 400 像素，背景颜色为白色，单击"确定"按钮，如图 14-4 所示。

 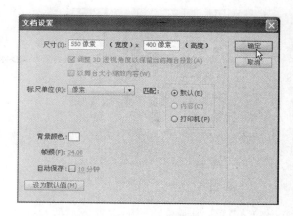

图 14-3　选择"文档属性"命令　　　　　　图 14-4　设置文档属性

(3) 选择"文件"｜"导入"｜"导入到库"命令，将图片"瀑布"导入到对应的图库中，如图 14-5 所示。

(4) 按 Ctrl+L 组合键打开"图库"面板，然后从图库中将导入的图片拖放到舞台中，按 Ctrl+I 组合键将"变形"面板打开，利用"变形"面板对图片进行调整，大小为 550×400，与舞台完全重合。并将图层 1 重新命名为背景，如图 14-6 所示。

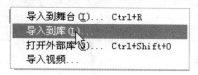 

图 14-5　选择"导入到库"命令　　　　　　图 14-6　设置"信息"面板

14.2.2　制作遮罩元件

制作遮罩元件的具体操作步骤如下。

(1) 在"背景"图层上方新建一图层，命名为"遮罩"。将"背景"图层上锁，用"矩形工具"在"遮罩"图层上绘制一个没有边框线，填充颜色任意的矩形，大小为 550×8，并和舞台水平居中，如图 14-7 所示。

(2) 选中绘制的矩形，按住 Ctrl 键，用鼠标左键拖动矩形向下，复制多个矩形，如图 14-8 所示。

图 14-7　设置"信息"面板　　　　　　图 14-8　复制矩形

(3) 依次复制多个矩形，将舞台完全覆盖，如图 14-9 所示。

(4) 选中"遮罩"图层中的所有矩形，然后使用"对齐"面板将所选矩形不相对于舞台水平居中、垂直居中分布，如图 14-10 所示。

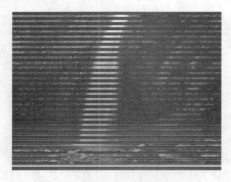

图 14-9　复制多个矩形

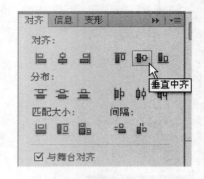

图 14-10　设置"对齐"面板

(5) 设置好舞台中所有矩形的位置后，按 Ctrl+G 组合键将它组合，如图 14-11 所示。

(6) 将矩形群组相对于舞台水平居中。然后按 F8 键，将它转换为元件，命名为"遮罩"，类型为"影片剪辑"。单击"确定"按钮，如图 14-12 所示。

图 14-11　组合矩形

图 14-12　转换元件

(7) 选择"插入"｜"新建元件"命令，创建新元件，命名为"流水"，类型为"影片剪辑"，如图 14-13 所示。

(8) 进入到流水元件的编辑区，将瀑布图片从图库中拖放到编辑区，按 Ctrl+B 组合键将拖进来的图片打散。修改时间轴下方标签右侧的显示比例为 75%，如图 14-14 所示。

图 14-13　"创建新元件"对话框

图 14-14　修改显示比例

(9) 单击绘图工具栏中的"套索工具"，在下面的附加选项面板中，选择多边形模式，如图 14-15 所示。

(10) 用多边形模式的套索工具选中水流，如图 14-16 所示。

图 14-15　选择"多边形模式"

图 14-16　选中水流

（11）按 Ctrl+C 组合键复制选中的水流部分，在图层 1 上新建一图层，然后将复制内容粘贴到图层 2 中，方法是选择"编辑"｜"粘贴到当前位置"命令，如图 14-17 所示。

（12）选中图层 1，按 Delete 键将它删除。此时元件流水中就只有图层 2，如图 14-18 所示。

图 14-17　选择"粘贴到当前位置"命令

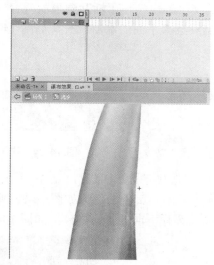

图 14-18　流水元件中内容

（13）选择"插入"｜"新建元件"命令，创建新元件，命名为"流水"，类型为"影片剪辑"，如图 14-19 所示。

（14）进入到流水元件的编辑区，将瀑布图片从图库中拖放到编辑区，按 Ctrl+B 组合键将拖进来的图片打散。修改时间轴下方标签右侧的显示比例为 60%，如图 14-20 所示。

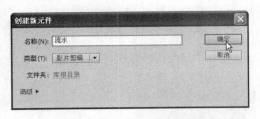

图 14-19 "创建新元件"对话框

图 14-20 修改显示比例

(15) 单击绘图工具栏中的"套索工具",然后在对应的附加选项面板中,选择多边形模式,如图 14-21 所示。

(16) 用多边形模式的套索工具选择下面的水流,如图 14-22 所示。

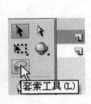

图 14-21 选择"套索工具"

图 14-22 选中下面的部分水流

(17) 按 Ctrl+X 组合键剪切选中的水流部分,在图层 1 上新建一图层,然后将复制内容粘贴到图层 2 中,方法是选择"编辑"|"粘贴到当前位置"命令,如图 14-23 所示。

(18) 使用"套索工具"继续选择下面的水流部分,如图 14-24 所示。

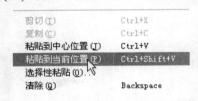

图 14-23 选择"粘贴到当前位置"命令

图 14-24 选择另一部分水流

(19) 按 Ctrl+X 组合键剪切选中的水流部分,粘贴到图层 2 中,方法是选择"编辑"|"粘贴到当前位置"命令,图层 2 中的效果如图 14-25 所示。

(20) 使用"套索工具"继续选择下面的水流部分,如图 14-26 所示。

图 14-25 两部分水流的合成

图 14-26 再选择部分水流

(21) 按 Ctrl+X 组合键剪切选中的水流部分，粘贴到图层 2 中，方法是选择"编辑"｜"粘贴到当前位置"命令(或者按 Ctrl+Shift+V 组合键)，如图 14-27 所示。

(22) 在流水元件中删除图层 1，只留下图层 2。图层 2 的舞台上的内容效果，如图 14-28 所示。

图 14-27　选择"粘贴到当前位置"命令　　　　图 14-28　图层 2 中效果

14.2.3　制作动画

制作动画的具体操作步骤如下。

(1) 返回到场景中，在"背景"图层上方新建一图层，命名为"流水"，如图 14-29 所示。

(2) 将元件流水拖放到新建的流水图层中，如图 14-30 所示。

(3) 利用"任意变形工具"将放置在舞台中的对象缩小，并使用选取工具调整对象的位置，如图 14-31 所示。

图 14-29　新建图层

图 14-30　放置流水元件

(4) 使用键盘上的光标移动键对舞台中的流水元件的位置再次进行编辑，将流水元件向下移动一下，如图 14-32 所示。

(5) 在"遮罩"图层的第 60 帧处插入关键帧，在另两个图层的第 60 帧处插入普通帧。在"遮罩"图层的第 1～60 帧之间任选一帧，创建运动补间动画，如图 14-33 所示。

图 14-31 编辑流水元件

图 14-32 调整流水元件的位置

图 14-33 创建运动补间动画

(6) 在"遮罩"图层的第 60 帧处，移动遮罩元件的位置。遮罩元件的上端与舞台上端对齐即可，如图 14-34 所示。

(7) 右键单击"遮罩"图层，在弹出的快捷菜单中选择"遮罩层"命令，如图 14-35 所示。

图 14-34 调整遮罩元件位置

图 14-35 选择"遮罩层"命令

(8) 在"遮罩"图层的上方新建一图层，命名为"静水"，如图 14-36 所示。

(9) 将图库中的静水元件拖放到"静水"图层的第 1 帧的舞台中，如图 14-37 所示。

(10) 利用"任意变形工具"将放置在舞台中的对象缩小，并使用"选取工具"调整对象的位置，如图 14-38 所示。

图 14-36　新建图层

图 14-37　部分静水元件

图 14-38　调整静水元件

(11) 使用键盘上的光标移动键对舞台中的流水元件的位置再次进行编辑，将静水元件向下移动一下，如图 14-39 所示。

图 14-39　调整静水元件的位置

(12) 在"静水"图层上方新建一图层，命名为"遮罩静水"图层。然后将遮罩元件拖放到舞台中，如图 14-40 所示。

图 14-40　遮罩元件放入舞台

(13) 在"遮罩静水"图层的第 60 帧处插入关键帧,在"静水"图层的第 60 帧处插入普通帧。在"静水遮罩"图层的第 1~60 帧之间任选一帧,创建运动补间动画,如图 14-41 所示。

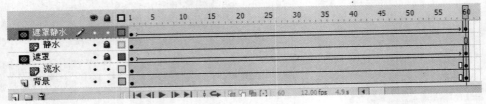

图 14-41　创建运动补间动画

(14) 在"遮罩"图层的第 60 帧处,移动遮罩元件的位置。遮罩元件的上端在静水元件的上端附近即可,如图 14-42 所示。

图 14-42　调整遮罩元件 60 帧处位置

(15) 在"遮罩"图层的第 1 帧处,移动遮罩元件的位置。遮罩元件的下端在静水元件的下端附近即可。具体的位置还可以更改,这样制作出来的效果有所不同,如图 14-43 所示。

图 14-43　调整遮罩元件第 1 帧处位置

(16) 鼠标右键单击 "遮罩静水"图层,在弹出的快捷菜单中选择"遮罩层"命令。使其上面图层遮罩下面图层,如图 14-44 所示。

图 14-44　设置遮罩图层

(17) 至此，完整的动画已经完成。选择"文件"|"保存"命令保存文档。这时按
Ctrl+Enter 快捷键测试动画，可以看到完整作品的动画效果，如图 14-45 所示。

图 14-45　测试效果

14.3　课后练习——倒影效果

本练习中制作的倒影效果是通过遮罩及图片的重叠关系来完成水波的波动，效果如图
14-46 所示。

图 14-46　倒影效果

(1) 设置舞台大小为 550×480，新建一个影片剪辑元件，导入图片"宝贝"，设置宝
贝大小为 550×240。然后相对于舞台居中，如图 14-47 所示。

图 14-47　编辑宝宝元件

(2) 返回场景中，将宝宝元件拖放到舞台中，与舞台上端对齐。在第 60 帧处插入普通帧，如图 14-48 所示。

图 14-48　对齐宝宝元件

(3) 新建一图层，将宝宝元件复制粘贴到新图层中，并通过"修改"｜"变形"｜"垂直翻转"命令，将它与舞台下端对齐。单击图片，在"属性"面板中更改高级设置，调整颜色。在第 60 帧处插入普通帧，如图 14-49 所示。

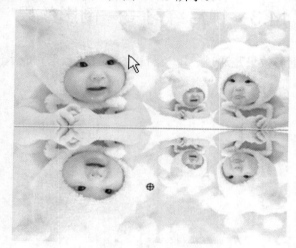

图 14-49　编辑图层 2 中对象

(4) 在"宝宝 2"图层上方新建一图层，然后将"宝宝 2"图层中的对象复制粘贴到"宝宝 3"图层的当前位置，然后利用光标移动键将图片向下移动一下。在第 60 帧处插入普通帧。

(5) 在"宝宝 3"图层上新建一图层(边框显示方式)，然后在图层上绘制没有边框线的矩形，然后复制，将整个舞台覆盖，利用"对齐"面板将它们水平对齐，垂直水平分布，然后转化为元件。在第 60 帧处插入关键帧，并创建运动补间动画。调整 60 帧中遮罩的位置，与"宝宝 3"图层中的图片上端对齐，如图 14-50 所示。

(6) 将鼠标右键单击遮罩图层，将它设置为"遮罩"层，遮罩下方的"宝宝 3"图层，时间轴内容如图 14-51 所示。

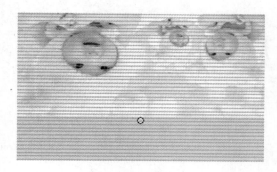

图 14-50　调整遮罩位置

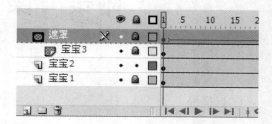

图 14-51　时间轴中内容

附录 课后答案

第 1 章

1. 选择题

B   B   C   B   C

2. 填空题

(1) "窗口" | "工具"

(2) 文件体积小，Flash 动画是一种流式动画，支持插件播放，支持事件响应和交互功能能，可以输出多种格式的文件，创建和编辑 Flash 动画的方法简单易学

(3) 用于管理动画中的图层和帧

(4) "窗口" | "属性"，Ctrl+F3

(5) 使用"开始"页创建新文档；

使用"文件" | "新建"命令，打开"新建文档"对话框，在"常规"选项卡上选择"Flash 文档"，然后单击"确定"按钮；

单击主工具栏中的"新建"按钮，可以创建新的 Flash 文档

第 2 章

1. 选择题

B   D   C   C   C

2. 填空题

(1) Shift   (2) 伸直模式，平滑模式，墨水模式

(3) 矩形工具，多角星形工具   (4) 位图，矢量图

(5) 不封闭空隙，封闭小空隙，封闭中等空隙，封闭大空隙

第 3 章

1. 选择题

C   C   A   C   D

2. 填空题

(1) 属性面板，信息面板   (2) 任意变形工具，变形面板

(3) 复制并应用变形   (4) Ctrl+K

(5) 笔触颜色，颜料桶颜色

第 4 章

1. 选择题

A   B   A   A   C

2. 填空题

(1) 图形元件，按钮元件，影片剪辑元件
(2) 库
(3) 弹起，指针经过，按下，单击
(4) F8
(5) 按钮元件，影片剪辑元件

第 5 章

1. 选择题

D   B   D   C   C

2. 填空题

(1) 逐帧，渐变，渐变
(2) 将动画分解到连续的关键帧中
(3) 同一元件
(4) 矢量图形
(5) 转换为元件

第 6 章

1. 选择题

C   D   D   A   B

2. 填空题

(1) 2，引导层，遮罩层
(2) 引导层
(3) 普通引导层，运动引导层
(4) 运动补间动画
(5) 可视与不可视

第 7 章

1. 选择题

D　D　A　D　D

2. 填空题

(1) 事件，开始，结束，数据流
(2) 事件声音，流式声音
(3) 库
(4) 导入声音，加载声音
(5) ADPCM

第 8 章

1. 选择题

C　B　B　D　A

2. 填空题

(1) 关键帧，影片剪辑，按钮
(2) //
(3) play()，stop()
(4) 字符串，数字，布尔值，对象，影片剪辑，Null，Undefined
(5) 字母，下划线，美元符，字母，数字，下划线，美元符

第 9 章

1. 选择题

D　A　A　C　D

2. 填空题

(1) FLA
(2) HTML
(3) 导出影片，导出图像
(4) 图形
(5) 图像